Luces, Ventas y Acción:

Cómo la Iluminación Transforma tu Local en una Máquina de Vender

Samantha Luz Vásquez Bethencourt

Copyright © 2024 Samantha Luz Vásquez Bethencourt

Todos los derechos reservados.

ISBN: 9798301486883
Sello: Independently published

DEDICATORIA

A mi padre Arnoldo Vásquez quien me mostró la magia de la luz desde el teatro y me enseñó a ver el mundo con los ojos de un iluminador. Gracias por esa viva experiencia, que despertó en mí una pasión que sigue iluminando cada paso de mi vida.

Este libro también está inspirado en mi hija, Luz Marina, mi gran "porqué", la razón que me impulsa cada día a seguir soñando y creando. Y en el futuro de mis sobrinos Sofia, Nicky, Sharlotte Sahiris y Jeansahir, que representan el futuro, la chispa que enciende la esperanza de un mundo lleno de luz.

.

CONTENIDO

DEDICATORIA iii

CONTENIDO v

AGRADECIMIENTOS 1

INTRODUCCIÓN 2

Capítulo 1: La Luz que Vende – El Poder de la Iluminación Comercial 4

Capítulo 2: Diseño y Estrategia de Iluminación Planificando para el Éxito ... 8

Capítulo 3. Ejercicio Práctico: Crear un Plan de Iluminación 11

4. Neuroiluminación – Cómo la Luz Impacta el Cerebro y las Emociones .. 16

Capítulo 5: Biointeriorismo Comercial – Conectando con la Naturaleza para Incrementar Ventas 21

Capítulo 6: Biointeriorismo Práctico – Conectando Naturaleza y Espacio . 25

Capítulo 7: Cómo Escoger las Lámparas Ideales para tu Espacio Comercial 27

Capítulo 8: Errores Comunes al Iluminar un Local y Cómo Evitarlos 30

Capítulo 9: Cómo Utilizar la Luz para Contar una Historia 33

Capítulo 10: Cómo Usar la Iluminación para Destacar Productos Específicos 36

Capítulo 11: Guía para Crear Ambientes Temáticos con Luz 40

Capítulo 12: Las Herramientas que Transformarán la Iluminación de Tu Local 44

Capítulo 13: Historias de Éxito – Iluminando el Camino al Éxito 50

Capítulo 14: Marketing Sensorial e Iluminación – Creando Experiencias Inolvidables 58

Capítulo 15: Checklist para Evaluar la Iluminación de un Local 62

Capítulo 16: Tendencias Futuras en Iluminación Comercial 67

Capítulo 16: Preguntas Frecuentes sobre Iluminación Comercial – Resolviendo las Dudas Más Comunes 74

Capítulo 17: Normativas y Estándares de Referencia en Iluminación Comercial 79

Capítulo 18: Cómo Implementar Normativas en Proyectos de Iluminación Comercial..83

Capítulo 19: La Luz Como Clave del Éxito Comercial 87

Carta a los Profesionales de la Iluminación 90

Capítulo Extra: Mis Líneas de Diseño – La Luz Como Expresión de Inspiración 92

AGRADECIMIENTOS

A lo largo de mi vida y de mi carrera, he tenido la fortuna de contar con personas maravillosas que han dejado una huella profunda en mi camino. A cada uno de ellos, mi agradecimiento sincero por su apoyo, inspiración y enseñanzas.

A mis facilitadores de la Universidad Bolivariana de Trabajadores Jesús Rivero: José Luis Páez, Gabriel Quero, Jhonny Terán, José Forero, Manuel Berroterán y Virginia Bello, Jonathan Sojo, Harrison Lopez, Rodolfo Echezuria, Vanessa Gutierrez, quienes no solo compartieron sus conocimientos, sino también su compromiso y sabiduría. De cada uno de ustedes aprendí valiosas lecciones que llevo conmigo.

Al Proyecto de Iluminación "Las Luciérnagas de Keiretsu", donde desarrollé mi inventiva, creatividad y técnica. Mi gratitud especial a Marcos, cuya elocuencia y visión aportaron luz y dirección a mis ideas A mi equipo y compañeros, que han sido parte esencial de mis logros. Su apoyo y dedicación me motivan a continuar buscando nuevas metas y a dar lo mejor de mí.

A mis hermanos Sarah y Simón quienes estuvieron conmigo en los primeros pasos de Nuestra empresa, y nuestros amigos Miguel, Luis Dafne, Leivys, quienes han estado presentes en momentos clave de mi vida. A todos ustedes, gracias por su apoyo incondicional y por ayudarme a convertir mis sueños en realidad.

Y, por supuesto, a cada lector de este libro. Mi deseo es que encuentren en estas páginas herramientas útiles y momentos de inspiración para sus propios proyectos.

Gracias a todos los que, de una forma u otra, han aportado luz a mi camino.

Samantha Luz Vásquez Bethencourt

> Luces, Ventas y Acción: Cómo la Iluminación Transforma tu Local en una Máquina de Vender

INTRODUCCIÓN

Desde que comencé a diseñar lámparas personalizadas en 2018, he tenido el privilegio de transformar más de 30 locales comerciales, un centro comercial, un centro empresarial y múltiples viviendas de lujo en espacios llenos de vida, ambiente y, sobre todo, propósito. Esta experiencia me ha enseñado que la iluminación puede ser una de las herramientas más poderosas para crear ambientes que no solo atraigan miradas, sino que también impulsen las ventas.

Mi proyecto inició con tres líneas de lámparas únicas, inspiradas en diferentes estilos y emociones. SHIZEN, basada en la naturaleza, aporta calidez y armonía. KENSETSU, hecha con materiales de construcción, ofrece una estética robusta y contemporánea. Y OMUKASHII, diseñada con materiales vintage, añade un toque nostálgico y elegante. Cada una de estas líneas lleva un nombre en japonés, reflejando el idioma que estudié en mi adolescencia y que conecta mis creaciones con mi amor por el diseño y la cultura japonesa.

Mi primera experiencia memorable en este camino fue con una pequeña cafetería decorada al estilo de la naturaleza. El dueño se quejaba de que los productos en las estanterías no se vendían como esperaba. Vi allí una oportunidad y le propuse un trato: si con mi diseño de iluminación lograba aumentar las ventas, él me regalaría el café y el almuerzo cada vez que fuera a visitarlo. Y así fue. ¡A partir de ese momento, esa cafetería se convirtió en mi "oficina" en Caracas! Esa anécdota fue el inicio de una aventura que me ha permitido conocer y transformar diversos espacios, ayudando a comerciantes y empresarios a crear ambientes que inviten a quedarse, a explorar y a comprar.

Este libro es una invitación a descubrir el poder de la iluminación comercial. Aquí encontrarás no solo teoría y técnicas, sino ejercicios prácticos, consejos aplicables y anécdotas de mis experiencias iluminando espacios que venden. Mi meta es simple: que aprendas a hacer de la luz una herramienta estratégica y efectiva para impulsar tu negocio.

Así que… ¡Luces, ventas y acción!

¿Dudas? , escríbeme en @soysamanthaluz. Estoy aquí para iluminar tu camino.

Capítulo 1: La Luz que Vende – El Poder de la Iluminación Comercial

La iluminación es un componente esencial en el diseño de espacios comerciales, ya que influye directamente en la percepción y comportamiento de los clientes. Una iluminación adecuada no solo mejora la visibilidad de los productos, sino que también crea una atmósfera que puede estimular las ventas. Estudios han demostrado que la luz afecta nuestras emociones y decisiones de compra, convirtiéndose en una herramienta estratégica para los comerciantes.

La Psicología de la Luz

La luz tiene la capacidad de evocar emociones y estados de ánimo específicos. La temperatura de color, medida en Kelvin, juega un papel crucial en esta percepción:

- **Luz Cálida (2700K - 3000K):** Genera una sensación de confort y relajación, ideal para áreas donde se busca que el cliente se sienta cómodo y pase más tiempo, como restaurantes o boutiques de lujo.

- **Luz Neutra (3500K - 4100K):** Ofrece una representación más natural de los colores, adecuada para espacios donde la precisión cromática es importante, como tiendas de ropa o galerías de arte.

- **Luz Fría (5000K - 6500K):** Asociada con ambientes energizantes y modernos, es común en supermercados y tiendas de tecnología, donde se busca resaltar la limpieza y la eficiencia.

Un estudio titulado "Impacto del color en el Marketing" encontró que hasta el 90% de los juicios rápidos sobre los productos pueden basarse en el color, dependiendo del producto.

. Esto subraya la importancia de una iluminación que realce los colores de los productos de manera favorable.

Tipos de Iluminación y sus Propósitos

Para lograr una iluminación efectiva en un espacio comercial, es fundamental combinar diferentes tipos de iluminación:

- Iluminación General: Proporciona una luz uniforme en todo el espacio, asegurando que los clientes puedan moverse con seguridad y comodidad.

- Iluminación de Enfoque: Destaca productos o áreas específicas, atrayendo la atención del cliente hacia elementos clave y promoviendo su interés.

- Iluminación Ambiental o Decorativa: Añade carácter y estilo al espacio, reforzando la identidad de la marca y creando una atmósfera memorable.

La combinación adecuada de estos tipos de iluminación puede guiar al cliente a través del espacio, influir en su comportamiento y mejorar su experiencia de compra.

El Cliente en el Centro del Diseño de Luz

Es esencial que el diseño de iluminación no solo se centre en el cliente, sino también en la personalidad y estilo de la marca que el local representa. Cada empresa tiene una identidad visual única, y el entorno comercial debe ser un reflejo auténtico de esa identidad. La iluminación puede ser una extensión poderosa de la marca, fortaleciendo su mensaje y creando un ambiente cohesivo que resuene con los valores y estilo de la empresa.

Por eso, al evaluar un proyecto de iluminación, es crucial considerar si el diseño del local está personalizado a la marca. Si el negocio tiene un estilo rústico, moderno, vintage o industrial, las lámparas y el tipo de iluminación deben reflejar esa estética sin romper la coherencia visual. En algunos casos, esto puede requerir la creación de lámparas personalizadas, diseñadas específicamente para integrarse con el espacio y realzar su personalidad.

Por ejemplo, una tienda que quiere transmitir cercanía con la naturaleza podría beneficiarse de lámparas hechas con materiales naturales o con un diseño orgánico que complemente su decoración. En cambio, una tienda de tecnología, moderna y vanguardista, se beneficiaría de una iluminación que incluya lámparas de líneas limpias, colores fríos y acabados metálicos.

La alineación entre la iluminación y la identidad del local no solo embellece el espacio, sino que también fortalece la experiencia del cliente, ayudándolo a conectar mejor con la marca. Además, un diseño bien pensado proyecta profesionalismo y atención al detalle, factores que contribuyen a generar confianza y a mejorar la percepción de la empresa.

En definitiva, personalizar la iluminación al estilo de la marca permite que el ambiente comunique de forma efectiva el mensaje que se desea transmitir, integrando todos los elementos del espacio para ofrecer una experiencia visual coherente y memorable.

Ejercicio Práctico
Observación de Iluminación en Espacios Comerciales:

- Visita dos tiendas de diferentes sectores (por ejemplo, una tienda de ropa y un supermercado).
- Toma nota de la temperatura de la luz, su intensidad y cómo está distribuida en el espacio.
- Observa cómo la iluminación afecta tu percepción de los productos y del ambiente general.
- Reflexiona sobre cómo te sientes en cada espacio y cómo la luz influye en tu experiencia de compra.

Anécdota Personal

Recuerdo una ocasión especial cuando un propietario de una cafetería decorada al estilo natural me pidió ayuda. Había puesto tanto esfuerzo en la decoración, pero sentía que los productos en las estanterías simplemente no se vendían como esperaba. Después de observar el espacio, le propuse un cambio: una iluminación que hiciera del lugar un ambiente más cálido y acogedor, resaltando los productos de una forma que invitara a los clientes a quedarse y explorar.

Las lámparas fueron diseñadas por mí y fabricadas en casa en nuestro "taller familiar", donde cada uno de nosotros aportaba su talento. Mi padre y su esposa me ayudaban en la fabricación, mi hermana creaba las lámparas de vidrio, y mi tío –al que todos llamaban "el chino"– era nuestro carpintero oficial. Gracias a esa colaboración en familia, cada lámpara estaba hecha con dedicación y cariño, y se integraba perfectamente en el ambiente que quería crear.

Hicimos la instalación en la cafetería y propuse un trato al dueño: *si con el diseño de iluminación aumentaban las ventas, él me invitaría al café y al almuerzo cada vez que lo visitara. ¡Y así fue!* La iluminación transformó el espacio, y los clientes no tardaron en notar la diferencia. La cafetería pronto se llenó de gente, tanto que el dueño decidió extender el horario, añadir catas de ron por las tardes, charlas, y ofrecer comidas especiales para crear una experiencia completa. Desde entonces, esa cafetería se convirtió en mi "oficina" en Caracas, donde disfrutaba del ambiente, del buen café y de la satisfacción de ver cómo la luz puede transformar un negocio.

Esta experiencia me enseñó algo esencial: *más allá de la decoración, la iluminación es una herramienta poderosa que puede no solo embellecer un espacio, sino también aumentar la clientela y las ventas. La luz adecuada puede crear el tipo de ambiente que hace que la gente quiera quedarse, volver y hablar de ese lugar.*

Capítulo 2: Diseño y Estrategia de Iluminación Planificando para el Éxito

Por Qué la Planificación de la Iluminación es Crucial

La iluminación es un componente esencial en el diseño de espacios comerciales, ya que influye directamente en la percepción y comportamiento de los clientes. Una planificación adecuada de la iluminación no solo mejora la visibilidad de los productos, sino que también crea una atmósfera que puede estimular las ventas. Sin una estrategia bien definida, la iluminación puede resultar ineficaz, generando zonas mal iluminadas o deslumbrantes, productos que pasan desapercibidos o incluso un ambiente que no comunica adecuadamente los valores del negocio.

Definir los Objetivos de Iluminación en el Local

El primer paso en cualquier proyecto de iluminación es definir los objetivos específicos del espacio. ¿Qué se desea lograr con la iluminación? ¿Crear un ambiente acogedor que invite a los clientes a permanecer más tiempo? ¿Destacar productos específicos para impulsar su venta? Cada objetivo guiará las decisiones de diseño y selección de luminarias. Además, es fundamental que la iluminación sea coherente con la identidad de la marca, reforzando su mensaje y creando una experiencia de compra alineada con los valores de la empresa.

Mapa de Zonas y Jerarquías de Iluminación

Para lograr un diseño eficaz, es esencial dividir el espacio en zonas específicas, cada una con una función y propósito definidos. La iluminación de entrada, los puntos de venta y las áreas de tránsito deben planificarse cuidadosamente para asegurar que cada área tenga su propio protagonismo. Esta técnica se conoce como jerarquía de iluminación, y ayuda a guiar al cliente a través del espacio de forma intuitiva.

Entrada: La primera impresión cuenta. La entrada debe estar bien iluminada para invitar al cliente a entrar y explorar. Una entrada oscura puede hacer que el cliente pase de largo, mientras que una entrada atractiva lo invita a detenerse.

Puntos de Venta Clave: Estos son los puntos estratégicos en los que se desea que el cliente se fije primero. Puede ser un producto destacado o una zona de promociones. Aquí, una iluminación focal que dirija la atención hacia estos productos ayuda a maximizar su visibilidad.

Zonas de Exploración: Son áreas donde los clientes pueden sentirse libres de descubrir productos a su propio ritmo. Estas zonas pueden tener una iluminación más relajada y creativa para incentivar la exploración y la curiosidad.

Áreas de Tránsito: Los pasillos y las zonas de movimiento deben estar bien iluminados, asegurando que el cliente se desplace sin problemas. Estas áreas requieren una luz uniforme que mantenga la atención en los productos sin distraer.

Eligiendo las Fuentes de Luz Correctas

Seleccionar las fuentes de luz adecuadas es crucial para crear el efecto deseado. Existen diversas opciones en el mercado, cada una con sus propias características, ventajas y desventajas. A continuación, se detallan algunas de las fuentes de luz más comunes y su aplicabilidad:

LED (Diodo Emisor de Luz): Son altamente eficientes y duraderas, con una vida útil que puede superar las 25,000 horas. Ofrecen una amplia variedad de temperaturas de color y son ideales para casi cualquier entorno comercial debido a su eficiencia energética y bajo consumo. Además, no contienen mercurio ni emiten radiación ultravioleta, lo que las hace **seguras para la salud y el medio ambiente.**

Incandescentes: Aunque proporcionan una luz cálida y agradable, son menos eficientes y tienen una vida útil corta, generalmente alrededor de 1,000 horas. Estas bombillas convierten solo el 5% de la energía en luz, mientras que el 95% restante se pierde en forma de calor, lo que las hace ineficientes energéticamente. Además, su uso prolongado puede aumentar la temperatura del ambiente, afectando la comodidad de los clientes y el consumo energético del local. **Debido a su baja eficiencia, las bombillas incandescentes tradicionales fueron prohibidas en**

Europa en 2012.

Halógenas: Son una evolución de las incandescentes y ofrecen una luz brillante y de alta calidad. Sin embargo, siguen siendo menos eficientes que las opciones más modernas y tienen una vida útil limitada, generalmente entre 2,000 y 4,000 horas. Además, **emiten una cantidad significativa de calor, lo que puede afectar la temperatura del espacio y aumentar los costos de climatización**. Debido a su baja eficiencia energética y mayor consumo, las bombillas halógenas están siendo retiradas gradualmente del mercado europeo.

Fluorescentes: Son más eficientes que las incandescentes y halógenas, con una vida útil que puede variar entre 7,000 y 15,000 horas. Sin embargo, **contienen mercurio, un metal pesado que puede ser perjudicial para la salud y el medio ambiente si no se manejan y eliminan adecuadamente**. Además, algunas personas con enfermedades fotosensibles afirman que las lámparas fluorescentes compactas pueden empeorar sus síntomas debido a las emisiones de luz ultravioleta.

Es fundamental considerar no solo la eficiencia energética y la calidad de la luz al seleccionar una fuente de iluminación, sino también los posibles efectos en la salud de los clientes y empleados, así como el impacto ambiental. **Optar por fuentes de luz modernas y eficientes, como las LED, puede ofrecer ventajas significativas en términos de ahorro energético, durabilidad y seguridad.**

# Capitulo 3. Ejercicio Práctico: Crear un Plan de Iluminación

Para aplicar los conceptos de este capítulo, te propongo un ejercicio práctico que te ayudará a diseñar un plan de iluminación adaptado a las necesidades de tu espacio comercial.

Identifica las Zonas del Espacio

Divide tu espacio en áreas específicas: entrada, puntos de venta clave, zonas de exploración y áreas de tránsito. Esto te permitirá crear una estrategia de iluminación diferenciada para cada sección y enfocar la luz en los elementos más importantes.

Define el Objetivo de Cada Zona

Piensa en la experiencia que deseas crear en cada área. ¿Quieres que la entrada sea un lugar atractivo y acogedor? ¿Deseas que los productos en los puntos de venta clave resalten y capten la atención de inmediato? Es importante que tengas claridad sobre lo que quieres lograr en cada espacio.

Selecciona las Fuentes de Luz Apropiadas

Elige las fuentes de luz en función de las necesidades de cada zona, considerando los efectos en la salud y la eficiencia energética de las opciones disponibles. Opta por una iluminación LED para áreas que requieren durabilidad y eficiencia, y evita las fuentes de luz que puedan generar calor o tener efectos negativos en la comodidad y seguridad del cliente.

Realiza Pruebas y Observa el Resultado

Una vez implementado el esquema de iluminación, observa cómo fluye la luz en el espacio y si cumple con los objetivos planteados. Camina por el local y evalúa si cada zona tiene el impacto visual deseado y si la luz contribuye a la experiencia del cliente.

Luces, Ventas y Acción: Cómo la Iluminación Transforma tu Local en una Máquina de Vender

Puedes utilizar esta tabla de ejemplo:

Instrucciones para Uso de la Tabla:
1. Identifica las áreas clave de tu local comercial y anótalas en la primera columna.
2. Define los objetivos específicos para cada área.
3. Elige las fuentes de luz adecuadas y anota el tipo de luz que mejor se ajuste a tus objetivos.
4. Realiza pruebas y ajustes, anotando observaciones durante el proceso.
5. Evalúa los resultados para ver si la iluminación cumple con el objetivo planteado.

Área del Local	Objetivo de Iluminación	Fuente de Luz Seleccionada	Tipo de Luz (Cálida, Fría, Neutra)	Observaciones /Pruebas	Resultados Observados
Entrada	Ejemplo: Atraer clientes e invitarlos a entrar	Ejemplo: Lámparas LED decorativas	Cálida (3000K)	Luz debe ser llamativa pero no deslumbrante. Ajustar ángulo de luz.	Los clientes se detienen más al pasar frente a la entrada.
Puntos de Venta	Ejemplo: Destacar productos destacados	Ejemplo: Focos LED direccionales	Neutra (4000K)	Prueba diferentes direcciones para evitar sombras.	Mayor atención a los productos destacados.
Zona de Exploración	Ejemplo: Crear un ambiente de curiosidad	Ejemplo: Lámparas colgantes	Cálida/Neutra	Ajustar la altura para evitar deslumbramiento.	Los clientes exploran más tiempo en esta zona.
Área de Tránsito	Ejemplo: Facilitar el movimiento y visibilidad	Ejemplo: Iluminación general LED	Neutra/Fría	Verificar que no haya áreas oscuras.	Los clientes se mueven con fluidez por el espacio.

Me encantaría saber cómo te va con este ejercicio. Si tienes preguntas, necesitas asesoría, o simplemente deseas compartir tu experiencia, no dudes en escribirme. Puedes encontrarme en Instagram como **@soysamanthaluz**. Estaré feliz de ayudarte a transformar tu espacio a través de la iluminación.

Ajuste y Evaluación Continua de la Iluminación

Implementar un plan de iluminación es solo el primer paso para optimizar la experiencia en un espacio comercial. Es fundamental realizar ajustes y evaluaciones periódicas para asegurar que la iluminación continúe cumpliendo con los objetivos establecidos y se adapte a las necesidades cambiantes del negocio y de los clientes.

1. Monitoreo Regular

Observación del Comportamiento del Cliente: Es esencial observar cómo interactúan los clientes con las áreas iluminadas. ¿Se detienen en las zonas destacadas? ¿Hay áreas que pasan desapercibidas? Estas observaciones proporcionan información valiosa sobre la efectividad de la iluminación.

Feedback del Personal: Los empleados tienen una perspectiva directa de las interacciones de los clientes. Sus observaciones pueden revelar cómo la iluminación influye en la experiencia de compra y en la atención a productos específicos.

2. Realización de Ajustes Necesarios

Flexibilidad en el Diseño: No dudes en realizar ajustes si algo no funciona como se esperaba. Cambiar el ángulo de una luz, modificar su intensidad o alterar la temperatura de color son opciones viables para mejorar la iluminación.

Adaptación a Cambios en el Espacio: A medida que se reconfigura el espacio o se introducen nuevos productos, la iluminación debe ajustarse para mantener su eficacia y coherencia con el diseño general.

3. Utilización de Herramientas de Evaluación de Eficiencia

Análisis del Flujo de Clientes: Herramientas como mapas de calor pueden ayudar a identificar las áreas más transitadas y cómo la iluminación influye en estos patrones.

Correlación con Ventas: Evaluar si los productos bajo una iluminación específica tienen un aumento en las ventas puede indicar la efectividad de la estrategia luminosa.

4. Mantenimiento de la Coherencia con la Marca

Alineación con la Identidad de Marca: Cualquier ajuste en la iluminación debe reflejar y reforzar la identidad y los valores de la marca, evitando cambios que puedan desorientar a los clientes.
Experiencia en Tiendas de Gabriela Chacón

Durante mi trayectoria, tuve la oportunidad de colaborar con las tiendas de Gabriela Chacón, una reconocida diseñadora venezolana especializada en trajes de baño y moda playera. Sus tiendas, ubicadas en centros comerciales emblemáticos como el Centro Comercial Sambil Caracas **(SAMBIL CARACAS)**, se caracterizan por una estética que refleja la esencia de la mujer latina: sexy, desenfadada, creativa, elegante y sensual **(GABRIELA CHACÓN)**.

En estos espacios, la iluminación desempeñaba un papel crucial para resaltar las colecciones y crear una atmósfera que invitara a las clientas a explorar y probarse las prendas. Implementamos una combinación de iluminación general cálida para generar un ambiente acogedor, junto con luces focales que destacaban los detalles y colores vibrantes de los trajes de baño.

Realizamos evaluaciones periódicas para asegurarnos de que la iluminación cumpliera con los objetivos de la marca y se adaptara a las nuevas colecciones y cambios en la disposición de la tienda. Por ejemplo, durante el lanzamiento de una nueva línea inspirada en la naturaleza, ajustamos la iluminación para enfatizar los tonos verdes y azules, creando una conexión visual con el tema de la colección.

Estas experiencias me enseñaron la importancia de una iluminación adaptable y coherente con la identidad de la marca, y cómo los ajustes estratégicos pueden influir positivamente en la percepción del cliente y en las ventas.

La iluminación es una herramienta dinámica que, cuando se ajusta y evalúa continuamente, puede adaptarse a las necesidades del negocio y optimizar su impacto en el entorno comercial.

¡Toma el Control de la Iluminación de tu Espacio!

La iluminación puede ser la clave que transforme tu local en un imán para los clientes y un éxito en ventas. No dejes que la luz sea un elemento secundario; conviértela en tu mejor estrategia. Evalúa, ajusta y sácale el máximo partido. ¡Quiero ver tus resultados!

Comparte tus experiencias, dudas o fotos de tus espacios y productos destacados. Juntos, podemos hacer que tu iluminación brille aún más. Escríbeme en Instagram: @soysamanthaluz. ¡Estoy aquí para ayudarte a que la luz de tu negocio ilumine el camino hacia el éxito! ☐

4. Neuroiluminación – Cómo la Luz Impacta el Cerebro y las Emociones

La Ciencia Detrás de la Luz y el Cerebro

La **neuroiluminación** se adentra en cómo la luz afecta el sistema nervioso, modulando emociones, atención, productividad y hasta la toma de decisiones. Todo comienza con los receptores de luz en nuestros ojos, que envían señales al hipotálamo, la región del cerebro que controla los ritmos circadianos y la secreción de hormonas.

Por ejemplo, la luz azul, comúnmente emitida por pantallas y luces LED frías, estimula la producción de cortisol, la hormona del "estrés positivo" que nos mantiene alerta. En contraste, la luz cálida, como la que emiten las lámparas incandescentes o las luces de tonos cálidos, promueve la producción de melatonina, que nos relaja y ayuda a regular el sueño. Esto no solo impacta el bienestar general, sino que también influye en cómo los clientes experimentan y perciben un espacio comercial.

Cómo Aprovechar la Neuroiluminación en tu Negocio

1. **Crea Ambientes de Compra Emocionales**
   - **Ambientes Relajantes**: En un spa o una tienda de bienestar, usa luces cálidas y tenues para relajar al cliente, prolongando su estancia y mejorando su experiencia.
   - **Ambientes Energizantes**: En una tienda de deportes o tecnología, opta por luces blancas frías que transmitan energía, dinamismo y modernidad.
2. **Usa la Luz para Guiar el Comportamiento**
   La neuroiluminación permite dirigir el flujo de los clientes. Un pasillo con luz brillante atraerá la mirada y conducirá al cliente hacia él, mientras que áreas más tenues invitan a permanecer en exploración. Esto puede ser estratégico para dirigir la atención hacia productos específicos.
3. **Colores y Contrastes**
   El color y la intensidad de la luz influyen directamente en la percepción del producto. Los estudios muestran que los tonos cálidos aumentan la percepción de valor en productos de lujo, mientras que los tonos fríos pueden resaltar

> Luces, Ventas y Acción: Cómo la Iluminación Transforma tu Local en una Máquina de Vender

productos de alta tecnología o frescura.

El Luxómetro: Mide y Optimiza tu Luz

El **luxómetro** es la herramienta clave para medir la cantidad de luz visible que llega a una superficie. Esto no solo garantiza una iluminación óptima, sino que puede prevenir problemas como el deslumbramiento o el exceso de luz, que pueden afectar la experiencia del cliente y generar costos innecesarios.

1. **¿Qué es un Luxómetro y Cómo Funciona?**
   Un luxómetro mide la intensidad de luz en lux (lx), la unidad que define la cantidad de luz visible en un punto específico. Los luxómetros portátiles son comunes, pero también hay aplicaciones móviles que convierten tu teléfono en un luxómetro básico, facilitando el acceso a datos esenciales para ajustar tu iluminación.
2. **Usos Prácticos del Luxómetro en un Local Comercial**
   - **Medir la Intensidad de Luz en Diferentes Áreas**: Toma medidas en zonas clave, como la entrada, puntos de venta y pasillos, para asegurarte de que cada área esté iluminada adecuadamente.
   - **Comparar con Estándares de Iluminación**: Por ejemplo, un área de exposición general debería tener entre 300 y 500 lux, mientras que un área de trabajo detallado podría necesitar más de 1000 lux.
   - **Ajustes Basados en la Medición**: Si una zona está sobreiluminada, puedes bajar la intensidad para crear un ambiente más acogedor o ajustarlo a las necesidades específicas del producto o del cliente.
3. **Cómo Usar un Luxómetro: Pasos Simples**
   - **Paso 1**: Sitúa el luxómetro en el área a evaluar, con el sensor orientado hacia la fuente de luz.
   - **Paso 2**: Observa la lectura y compárala con los niveles recomendados para el entorno.
   - **Paso 3**: Ajusta la intensidad o el tipo de luz según los resultados.

Luxómetros en Tu Móvil – Herramientas Accesibles al Alcance de tu Mano

¿Dudas? , escríbeme en @soysamanthaluz. Estoy aquí para iluminar tu camino.

No todos los negocios cuentan con un luxómetro profesional, pero las aplicaciones móviles ofrecen una alternativa accesible para realizar mediciones rápidas. **Apps como "Lux Light Meter Pro" o "Light Meter"** convierten tu teléfono en un medidor de luz, proporcionando datos útiles al instante. Aunque no son tan precisas como los dispositivos profesionales, son una excelente opción para ajustes preliminares.

Ejercicio Práctico con el Luxómetro
1. **Descarga una App de Luxómetro o Usa un Luxómetro Físico**.
2. **Mide la Iluminación en Diferentes Zonas de tu Local**: Toma lecturas en puntos clave como la entrada, las áreas de producto destacado y los pasillos.
3. **Compara los Resultados con los Niveles Recomendados**: ¿Está cada zona iluminada de manera óptima? ¿Hay áreas que necesitan más luz o menos?
4. **Ajusta la Iluminación**: Modifica la intensidad, el ángulo o el tipo de luz según sea necesario para crear el ambiente perfecto.

Tabla comparativa que incluye los niveles de lux ideales para diferentes zonas según las normas.

Zona del Local	Lux Recomendados	Lux Medido (Usuario)	Observaciones/Comentarios
Entrada	300-500 lux		
Punto de Venta Destacado	500-750 lux		
Zona de Exploración	200-400 lux		
Área de Tránsito/Pasillos	150-300 lux		
Mostrador o Caja	400-600 lux		
Zona de Trabajo Detallado	1000+ lux		
Escaparate/Vitrina	700-1000 lux		

Instrucciones para el Usuario:

1. Mide la iluminación de cada zona con un luxómetro o una aplicación móvil y anota los resultados en la columna "Lux Medido (Usuario)".
2. Compara tus mediciones con los niveles recomendados.
3. Añade observaciones sobre cómo percibes la iluminación en cada zona: ¿es demasiado brillante, tenue, o está bien equilibrada? ¿Cumple con la experiencia que quieres transmitir?

Esta tabla te ayudará a evaluar y ajustar la iluminación de cada zona de manera más precisa, asegurando que se alinee con los objetivos y necesidades de tu espacio comercial.

Para construir la tabla comparativa de niveles de iluminación (lux), las referencias utilizadas provienen de estándares internacionales y recomendaciones ampliamente aceptadas. Aquí te detallo las principales fuentes que suelen usarse para determinar los niveles de iluminación:

1. **Normas Internacionales de Iluminación (CIE - Comisión Internacional de Iluminación)**: La CIE establece recomendaciones para la iluminación en distintos entornos, incluidos espacios comerciales. Sus guías se basan en la cantidad de lux adecuada para garantizar seguridad, eficiencia visual y comodidad.
2. **Norma Europea EN 12464-1**: Esta norma especifica los requisitos de iluminación para los lugares de trabajo y entornos comerciales, con el objetivo de proporcionar niveles adecuados de iluminación para diferentes actividades.
3. **Recomendaciones del Instituto Americano de Iluminación (Illuminating Engineering Society - IES)**: El IES ofrece guías sobre niveles de iluminación recomendados para distintos entornos y aplicaciones, basándose en estudios sobre la comodidad y el desempeño visual.
4. **Estándares locales o nacionales (según el país)**: Algunos países tienen sus propias normativas específicas sobre iluminación en espacios comerciales, oficinas y lugares públicos. Estas recomendaciones buscan garantizar un entorno seguro y efectivo para trabajadores y clientes.

Niveles de referencia comúnmente aceptados para distintos entornos comerciales:

- **Entrada**: 300-500 lux
- **Puntos de venta destacados**: 500-750 lux
- **Zonas de exploración**: 200-400 lux
- **Áreas de tránsito/pasillos**: 150-300 lux
- **Mostrador o caja**: 400-600 lux
- **Zona de trabajo detallado**: 1000 lux o más
- **Escaparate/vitrina**: 700-1000 lux

Nota: Las recomendaciones específicas pueden variar según la región o las necesidades particulares de cada negocio. El objetivo es ofrecer una referencia general para que los usuarios puedan ajustar y evaluar la iluminación de manera efectiva.

Quiero escuchar sobre tu experiencia usando el luxómetro y ajustando la iluminación de tu local. Envía tus mediciones, dudas, fotos de los espacios y los productos que deseas destacar. Escríbeme en Instagram en @soysamanthaluz. Estoy aquí para ayudarte a iluminar tu camino hacia el éxito comercial.

Capítulo 5: Biointeriorismo Comercial – Conectando con la Naturaleza para Incrementar Ventas

El ser humano posee una conexión innata con la naturaleza, conocida como biofilia, que influye en su bienestar y comportamiento. Integrar elementos naturales en el diseño de un local comercial no solo mejora la experiencia del cliente, sino que también puede aumentar las ventas al crear un ambiente más atractivo y acogedor.

La Conexión Humana con la Naturaleza

La biofilia se refiere a la afinidad inherente del ser humano por la naturaleza y sus elementos. Estudios han demostrado que la presencia de elementos naturales en entornos construidos puede reducir el estrés, mejorar el estado de ánimo y aumentar la satisfacción general. En un contexto comercial, esto se traduce en clientes más relajados y dispuestos a permanecer más tiempo en el establecimiento, lo que incrementa las posibilidades de compra.

Estrategias de Biointeriorismo para Locales Comerciales

1. **Incorporación de Plantas y Vegetación**
   - **Beneficios:** Las plantas mejoran la calidad del aire, aportan color y vida al espacio, y crean una atmósfera relajante.
   - **Aplicación:** Coloca plantas en áreas clave, como la entrada, zonas de espera y cerca de productos destacados. Utiliza jardines verticales para maximizar el uso del espacio.
2. **Uso de Materiales Naturales**
   - **Beneficios:** Materiales como la madera, piedra y fibras naturales aportan calidez y autenticidad al ambiente.
   - **Aplicación:** Emplea madera en muebles y estanterías, piedra en detalles arquitectónicos y textiles naturales en la decoración.
3. **Iluminación Natural y Eficiente**
   - **Beneficios:** La luz natural mejora el estado de ánimo y realza la apariencia de los productos.
   - **Aplicación:** Maximiza la entrada de luz natural

mediante ventanas amplias y claraboyas. Complementa con iluminación LED de espectro completo para áreas con poca luz.

4. **Paleta de Colores Inspirada en la Naturaleza**
   - **Beneficios:** Colores como verdes, azules y tonos tierra evocan tranquilidad y conexión con el entorno natural.
   - **Aplicación:** Utiliza estos colores en paredes, muebles y elementos decorativos para crear una atmósfera coherente.

Casos de Éxito en Biointeriorismo Comercial

- **Starbucks**: La cadena de cafeterías ha incorporado elementos de biointeriorismo en sus locales, utilizando materiales naturales, iluminación cálida y plantas, creando espacios acogedores que invitan a los clientes a quedarse más tiempo.
- **Lush Cosmetics**: Esta tienda de cosméticos utiliza madera reciclada, vegetación y luz natural en sus diseños, reflejando su compromiso con la sostenibilidad y ofreciendo una experiencia de compra alineada con sus valores.
- **Patagonia**: La marca de ropa outdoor integra elementos naturales y sostenibles en sus tiendas, como paredes de madera recuperada y plantas, reforzando su conexión con la naturaleza y atrayendo a clientes que comparten estos valores.

Implementación Práctica en tu Local

1. **Evaluación del Espacio Actual**
   - Identifica áreas donde puedes incorporar elementos naturales sin afectar la funcionalidad del espacio.
2. **Selección de Elementos Naturales**
   - Elige plantas de bajo mantenimiento adecuadas para interiores.
   - Opta por materiales sostenibles y de origen responsable.
3. **Integración Gradual**
   - Introduce cambios de manera progresiva para evaluar la respuesta de los clientes y ajustar según sea necesario.
4. **Comunicación con el Cliente**

- Informa a tus clientes sobre las mejoras realizadas y cómo estas contribuyen a su bienestar y a la sostenibilidad.

Adoptar principios de biointeriorismo en tu local comercial no solo mejora la estética y el ambiente, sino que también **fortalece la conexión emocional con tus clientes**, promoviendo la lealtad y aumentando las ventas. Al crear un espacio que refleja la armonía con la naturaleza, ofreces una experiencia única que distingue a tu negocio en un mercado competitivo.

Aquí tienes una breve explicación de algunos estudios y referencias que respaldan la relación entre el biointeriorismo y el comportamiento del cliente, lo que respalda su integración como una estrategia efectiva para aumentar ventas en espacios comerciales:

1. **La Hipótesis de la Biofilia**
   - **Investigación de Edward O. Wilson (1984)**: Wilson propuso la "hipótesis de la biofilia", que plantea que los seres humanos tienen una tendencia innata a buscar conexiones con la naturaleza y otros sistemas vivos. Esta teoría ha sido ampliamente respaldada por estudios que muestran cómo el contacto con elementos naturales puede mejorar el bienestar, reducir el estrés y aumentar la satisfacción general.

2. **Efectos de la Naturaleza en Espacios Comerciales**
   - **Estudios sobre la Influencia de Plantas en Entornos Interiores**: Un estudio publicado en *Journal of Environmental Psychology* (2010) reveló que la presencia de plantas en entornos comerciales aumenta la percepción de bienestar, la satisfacción y la probabilidad de que los clientes permanezcan más tiempo en el lugar.
   - **Investigación de Ulrich et al. (1991)**: Ulrich y su equipo descubrieron que la exposición a elementos naturales, como plantas y paisajes, puede reducir significativamente el estrés y mejorar la atención y el enfoque.

3. **Efectos de la Iluminación Natural**
   - **Estudio de la Universidad de Northwestern (2014)**: Se encontró que las personas que trabajan en entornos con acceso a luz natural tienen mejores patrones de sueño y

mayor calidad de vida. En un contexto comercial, el acceso a luz natural puede mejorar la experiencia del cliente y aumentar la permanencia en el espacio.
- **Estudio de la Comisión Internacional de Iluminación (CIE)**: La CIE ha realizado investigaciones sobre cómo la luz natural y la iluminación de espectro completo mejoran el estado de ánimo y aumentan la productividad y la concentración.

4. El Impacto de Materiales Naturales y Sostenibles
- **Estudios de la Universidad de Cornell (2017)**: Estos estudios analizaron la percepción de los consumidores en tiendas que usan materiales naturales y sostenibles, encontrando que estos ambientes generan confianza y mejoran la percepción de calidad de los productos.

5. Diseño Biofílico y Ventas
- **Informe de Terrapin Bright Green (2012)**: Este informe sobre diseño biofílico documentó cómo la integración de elementos naturales en el diseño de interiores puede mejorar la productividad, la satisfacción y el bienestar, así como generar un aumento en las ventas de espacios comerciales.

Estas investigaciones respaldan cómo el diseño biointeriorista y la incorporación de elementos naturales pueden influir positivamente en el comportamiento del cliente, mejorando la experiencia en el local y aumentando las ventas.

Capítulo 6: Biointeriorismo Práctico – Conectando Naturaleza y Espacio

¿Qué es el Biointeriorismo?

El biointeriorismo combina principios de diseño de interiores con prácticas sostenibles y el uso de materiales naturales. Su objetivo es crear espacios que promuevan el bienestar físico, mental y emocional de las personas, utilizando elementos que respeten el medio ambiente y que se alineen con un estilo de vida saludable.

Principios Clave del Biointeriorismo
1. **Materiales Naturales y Sostenibles**
   - **Madera Recuperada y Certificada**: Utiliza maderas que provengan de fuentes sostenibles o que hayan sido recicladas para minimizar el impacto ambiental.
   - **Textiles Orgánicos**: Opta por tejidos como el algodón orgánico, el lino o el cáñamo, libres de productos químicos dañinos.
   - **Pinturas Naturales y No Tóxicas**: Elige pinturas ecológicas sin compuestos orgánicos volátiles (COV) para mejorar la calidad del aire interior.
2. **Iluminación Natural y Eficiencia Energética**
   - **Maximiza la Luz Natural**: Aprovecha ventanas, tragaluces y espejos para reflejar la luz del sol, creando un ambiente más natural y reduciendo el consumo de energía.
   - **Luces de Bajo Consumo**: Combina la luz natural con lámparas LED o fuentes de luz que minimicen el consumo energético.
3. **Elementos Naturales**
   - **Plantas de Interior**: Añadir plantas no solo embellece el espacio, sino que también mejora la calidad del aire y reduce el estrés.
   - **Piedras y Minerales Naturales**: Integrar elementos de la tierra, como piedras, puede transmitir calma y conexión con la naturaleza.
4. **Calidad del Aire Interior**
   - Usa sistemas de ventilación que garanticen una renovación constante del aire. Evita productos que liberen químicos dañinos en el ambiente.

¿Dudas? , escríbeme en @soysamanthaluz. Estoy aquí para iluminar tu camino.

5. **Armonía y Flujo**
    - **Diseño Biofílico**: Crea espacios que reflejen la conexión entre el ser humano y la naturaleza, con formas orgánicas, luz natural, y materiales que evoquen tranquilidad y equilibrio.

Biointeriorismo Práctico para Locales Comerciales

Implementar el biointeriorismo en un local comercial no solo mejora el bienestar de los clientes, sino que también crea una experiencia de compra más memorable. Los clientes perciben un espacio más acogedor, atractivo y alineado con valores sostenibles.

- **Ejemplo Práctico**: Imagina una cafetería con lámparas de madera reciclada y vidrio soplado (¡justo como tus diseños personalizados!), plantas colgantes que purifican el aire, y luz natural filtrada que genera un ambiente cálido. Este enfoque puede mejorar la experiencia de los clientes, invitándolos a permanecer más tiempo y regresar.

Ejercicio Práctico: Biointeriorismo en tu Local

1. **Evaluación del Espacio**
    - Observa cuánta luz natural tienes, la disposición de los muebles y los materiales presentes.
2. **Incorpora Materiales Naturales**
    - Introduce un elemento de madera, textiles orgánicos o plantas. Nota cómo cambia la percepción del espacio.
3. **Optimiza la Luz y el Flujo**
    - Integra luz natural y artificial de manera equilibrada para potenciar el bienestar.

Conectando con tu Espacio

Recuerda que el objetivo del biointeriorismo es generar bienestar y conexión con el entorno. Si quieres compartir tus resultados o tienes dudas, ¡escríbeme en Instagram @soysamanthaluz! Estoy aquí para ayudarte a transformar tu espacio en un oasis de luz y naturaleza.

Capítulo 7: Cómo Escoger las Lámparas Ideales para tu Espacio Comercial

Importancia de la Iluminación en el Diseño de un Local

La elección de las lámparas adecuadas para tu local comercial es clave para crear un ambiente que atraiga, retenga y conecte con los clientes. La luz tiene el poder de resaltar productos, generar emociones, y fortalecer la identidad de la marca. Pero, ¿cómo decidir cuál es la lámpara adecuada para tu espacio? En este capítulo, exploraremos cómo seleccionar la lámpara perfecta utilizando las líneas de diseño **SHIZEN**, **KENSETSU** y **OMUKASHII**.

Paso 1: Conoce tu Identidad y Objetivos

Antes de seleccionar cualquier lámpara, es esencial entender qué quieres comunicar con tu espacio:

- **Identidad de Marca**: ¿Tu negocio busca transmitir un estilo moderno, vintage, o una conexión con la naturaleza?
- **Objetivo Comercial**: ¿Deseas destacar productos, crear un ambiente acogedor, o evocar una sensación específica?

Ejemplo: Un spa de bienestar querrá transmitir calma y conexión con la naturaleza; en este caso, la línea **SHIZEN** sería perfecta.

Paso 2: Escoge la Línea de Diseño que Resuene con tu Espacio

1. **SHIZEN – Inspirada en la Naturaleza**

    - **Materiales**: Madera natural, elementos vegetales, acabados que evocan la tierra y el agua.
    - **Estilo**: Perfecto para locales que buscan transmitir calidez, tranquilidad y un vínculo con la naturaleza.
    - **Aplicación**: Cafeterías, spas, tiendas de productos naturales.
    - **Ejemplo Práctico**: Una lámpara SHIZEN puede estar compuesta de madera reciclada con diseños que imitan hojas o flores, creando un ambiente relajante y acogedor.

2. **KENSETSU – Materiales de Construcción**

    - **Materiales**: Metal, concreto, hierro, ladrillos expuestos.
    - **Estilo**: Ideal para espacios industriales, modernos y con un toque de robustez.
    - **Aplicación**: Tiendas de ropa urbana, bares, restaurantes con estilo industrial.
    - **Ejemplo Práctico**: Una lámpara KENSETSU puede incorporar elementos de metal y concreto, con un diseño geométrico y minimalista que evoca un entorno moderno e innovador.

3. **OMUKASHII – Materiales Vintage**

    - **Materiales**: Cristal, hierro forjado, detalles clásicos.
    - **Estilo**: Perfecto para locales con un toque nostálgico, clásico o elegante.
    - **Aplicación**: Boutiques, pastelerías, espacios que buscan un estilo retro o vintage.
    - **Ejemplo Práctico**: Una lámpara OMUKASHII podría ser un candelabro de hierro forjado con detalles en vidrio soplado, creando una atmósfera de sofisticación y encanto.

Paso 3: Considera el Tamaño, la Proporción y la Funcionalidad

- **Tamaño**: Asegúrate de que la lámpara se ajuste al espacio sin abrumarlo ni quedarse pequeña.
- **Proporción**: Evalúa la altura del techo y el tamaño del área para determinar si una lámpara colgante, de pie o de pared es la más adecuada.
- **Funcionalidad**: ¿La lámpara será decorativa o necesita proporcionar una iluminación específica para tareas?
-

Paso 4: Integración de Elementos de Biointeriorismo

Para maximizar el impacto, considera cómo las lámparas se integran con elementos naturales, como plantas, colores cálidos y texturas naturales. Una lámpara **SHIZEN** puede complementarse con plantas colgantes, mientras que una lámpara **KENSETSU** puede combinarse con texturas industriales.

Ejercicio Práctico: Escoge Tu Lámpara Ideal

1. **Evalúa tu Espacio**
   - Anota los valores que quieres transmitir y el tipo de ambiente que deseas crear.
2. **Selecciona la Línea de Diseño**
   - Elige entre **SHIZEN**, **KENSETSU** y **OMUKASHII** según el estilo y los materiales que mejor se alineen con tu visión.
3. **Prueba la Luz**
   - Instala temporalmente la lámpara y observa cómo afecta el ambiente y la percepción del cliente.

Comparte tu Proceso

Quiero ver cómo transformas tu espacio con nuestras lámparas. ¡Comparte fotos, preguntas o comentarios! Estoy en Instagram como @soysamanthaluz.

Capítulo 8: Errores Comunes al Iluminar un Local y Cómo Evitarlos

La iluminación puede ser la clave para el éxito de un local comercial, pero también puede convertirse en un obstáculo si no se hace de manera adecuada. Hay errores frecuentes que muchos propietarios cometen al iluminar sus espacios, lo que afecta la percepción de sus productos, la experiencia de los clientes e incluso las ventas. En este capítulo, exploraremos los errores más comunes en la elección de lámparas y la distribución de la luz, y te ofreceremos soluciones prácticas para corregirlos.

1. Deslumbramiento Excesivo
Problema:
El deslumbramiento se produce cuando una fuente de luz es demasiado intensa o está mal orientada, lo que genera incomodidad visual. Puede hacer que los clientes se sientan incómodos y les dificulte la visualización de los productos.

Solución Práctica:
- **Reorienta las Lámparas:** Ajusta el ángulo de las luminarias para que la luz no apunte directamente a los ojos de los clientes. Utiliza pantallas, difusores o lámparas con diseño antideslumbrante.
- **Reduce la Intensidad:** Opta por bombillas de menor potencia o utiliza reguladores de intensidad para controlar la cantidad de luz emitida.
- **Considera el Tipo de Lámpara:** Usa lámparas que difundan la luz de manera uniforme, como las de diseño **SHIZEN** que incluyen elementos naturales para suavizar la luz.

2. Falta de Luz en Zonas Clave
Problema:
Tener áreas mal iluminadas puede dar la impresión de que el espacio es poco atractivo o inseguro. Además, los productos que están en estas zonas suelen pasar desapercibidos.

Solución Práctica:
- **Añade Luces de Enfoque:** Instala luces direccionales o de acento que resalten productos específicos y zonas clave del local. Las lámparas **KENSETSU** con diseño industrial pueden ser útiles para crear un enfoque llamativo.

- **Reevalúa el Esquema de Iluminación:** Haz un recorrido por tu local y observa cómo se distribuye la luz. Asegúrate de que los pasillos, vitrinas y puntos de venta tengan la iluminación adecuada.
- **Usa Luz Natural Siempre que Sea Posible:** Si tienes ventanas, aprovecha la luz del día y complementa con iluminación artificial para mantener una buena visibilidad.

3. Luz Demasiado Fría o Cálida para el Tipo de Negocio
Problema:

La elección incorrecta de la temperatura de la luz puede afectar la percepción del espacio y de los productos. Una luz fría en un espacio que necesita transmitir calidez puede resultar desconcertante para los clientes.

Solución Práctica:
- **Ajusta la Temperatura de la Luz Según el Propósito del Espacio:** Usa luz cálida (2700K-3000K) en espacios que deben ser acogedores, como cafeterías o boutiques, y luz fría (5000K-6500K) para transmitir modernidad y frescura en tiendas de tecnología.
- **Prueba Diferentes Lámparas de Tus Líneas de Diseño:** Las lámparas **OMUKASHII**, con su estilo vintage y acabados clásicos, ofrecen una luz cálida que aporta un toque de nostalgia y calidez.

4. Iluminación Uniforme y Monótona
Problema:

Cuando todo el espacio está iluminado de manera uniforme, se pierde la capacidad de destacar productos y crear zonas de interés. Esto puede hacer que el local sea poco atractivo visualmente.

Solución Práctica:
- **Crea Contrastes con Diferentes Tipos de Luz:** Usa una combinación de luces generales, de enfoque y ambientales. Crea puntos focales con luces de acento para atraer la atención del cliente hacia áreas específicas.
- **Incorpora Zonas de Sombra Controladas:** Esto ayuda a dar profundidad y hace que los productos en zonas bien iluminadas destaquen más.
- **Varía la Altura y el Estilo de las Lámparas:** Combina lámparas colgantes, de pie y de pared para añadir

dinamismo y atraer la mirada.

5. Uso de Lámparas que No Se Ajustan al Estilo del Local
Problema:

El uso de lámparas que no encajan con la estética general del local puede romper la coherencia visual y dar una impresión negativa a los clientes.

Solución Práctica:

- **Elige Lámparas que Representen la Identidad de tu Marca:** Si tu local tiene un estilo natural, opta por lámparas de la línea **SHIZEN**. Para espacios modernos y robustos, las lámparas **KENSETSU** serán ideales. Si buscas un toque vintage, **OMUKASHII** es la opción perfecta.
- **Consulta a un Experto en Diseño de Iluminación:** Si tienes dudas, considera la asesoría de un profesional para seleccionar lámparas que armonicen con tu diseño.

6. Ignorar el Impacto de la Luz en el Comportamiento del Cliente
Problema:

No tener en cuenta cómo la luz influye en el estado de ánimo y las emociones del cliente puede afectar la experiencia de compra.

Solución Práctica:

- **Aplica Principios de Neuroiluminación:** Usa luz cálida para generar confort y confianza o luz fría para despertar la energía y el dinamismo. Evalúa cómo reacciona el cliente y ajusta según su respuesta.
- **Realiza Pruebas de Percepción:** Observa cómo los clientes interactúan con el espacio bajo diferentes esquemas de luz y ajusta en consecuencia.

Con estas estrategias, puedes evitar errores comunes y transformar tu local en un espacio atractivo y funcional que invite a los clientes a quedarse y comprar. Si tienes dudas o quieres orientación personalizada, contáctame en @soysamanthaluz. Estoy aquí para ayudarte a iluminar tu camino hacia el éxito.

Capítulo 9: Cómo Utilizar la Luz para Contar una Historia

La luz es un lenguaje visual poderoso. Puede crear atmósferas, evocar recuerdos, destacar elementos y, sobre todo, contar una historia. Cuando se utiliza estratégicamente, la iluminación transforma un local comercial en un escenario que envuelve al cliente, lo transporta a una experiencia única y lo conecta emocionalmente con la marca. En este capítulo, exploraremos cómo utilizar la luz como herramienta narrativa y cómo ciertas combinaciones pueden evocar emociones, recordar épocas específicas o destacar productos de manera memorable.

La Luz como Herramienta Narrativa

Cada local comercial tiene una historia que contar: la historia de su marca, de sus productos, de su misión. La luz actúa como el hilo conductor que guía a los clientes a través de esa historia, transformando cada rincón en una escena significativa. Aquí te enseñamos cómo usar la luz para narrar:

1. **Definir el Mensaje que Quieres Transmitir**
   Antes de elegir cualquier esquema de iluminación, pregúntate: ¿Qué quieres que tus clientes sientan cuando entren a tu local? ¿Qué mensaje quieres que perciban?
   - **Ejemplo**: Un restaurante puede querer que sus clientes se sientan acogidos, como si estuvieran en casa. En este caso, usarás luces cálidas, suaves y tenues.

2. **Creación de una Secuencia de Luz**
   Piensa en el recorrido de tu cliente como una historia en tres actos: introducción, desarrollo y clímax.
   - **Introducción (Entrada)**: La iluminación de la entrada debe captar la atención y establecer el tono del local. Usa luces llamativas pero no abrumadoras para dar una primera impresión memorable.
   - **Desarrollo (Zona de Productos o Experiencia Principal)**: Aquí es donde la luz cuenta el grueso de tu historia. Puedes usar luces focales para destacar productos, crear contrastes y generar un flujo que

invite a los clientes a explorar.
- **Clímax (Zonas de Interacción o Venta)**: En estas áreas, la luz puede ser más intensa o dirigida para centrar la atención del cliente en un producto o servicio clave.

Ejemplos de Uso Narrativo de la Luz

1. **Evocación de Épocas Específicas**
   - **Lámparas Vintage (Línea OMUKASHII)**: Utiliza lámparas de diseño clásico para evocar una época pasada. Por ejemplo, en una tienda de moda retro, el uso de luz cálida, lámparas de cristal soplado o hierro forjado puede transportar a los clientes a los años 50, reforzando la identidad de la marca.
   - **Iluminación Industrial (Línea KENSETSU)**: Perfecta para crear un ambiente que rememore fábricas y espacios industriales del siglo XX. La luz fría y las lámparas de metal expuesto cuentan una historia de robustez y modernidad.

2. **Creación de Ambientes Emocionales**
   - **Luz Cálida y Suave**: Ideal para tiendas de productos naturales o espacios que busquen transmitir relajación, confort y calidez. Las lámparas de la línea **SHIZEN**, con materiales naturales y acabados suaves, aportan una atmósfera de calma y conexión con la naturaleza.
   - **Luces de Colores**: Para crear un ambiente dinámico y juvenil, puedes usar luces de colores controlables. Esto es especialmente útil en tiendas de ropa urbana, donde cada sección puede contar una historia diferente (luz azul para frescura, rojo para pasión, etc.).

3. **Resaltando Productos con Luz**
   - **Luces Direccionales**: Usar focos dirigidos para destacar productos específicos es una técnica efectiva para guiar la atención del cliente. En una joyería, las luces dirigidas a cada pieza generan destellos que aumentan la percepción de lujo y exclusividad.

¿Dudas? , escríbeme en @soysamanthaluz. Estoy aquí para iluminar tu camino.

- **Iluminación Dramática**: Jugar con sombras y contrastes puede añadir dramatismo a la presentación de productos, como en una galería de arte o una tienda de productos de lujo.

Cómo Aplicar la Luz para Contar tu Historia

1. **Identifica el Elemento Clave de tu Narrativa**
   Decide cuál es el punto central de tu historia: tu producto, la experiencia del cliente o el mensaje de tu marca.
   - **Ejemplo**: Si tu local vende café especial, puedes usar luz cálida y sombras suaves para transmitir una experiencia acogedora y sofisticada.
2. **Combina Diferentes Tipos de Luz**
   Mezcla iluminación general, focal y decorativa para crear capas de luz que guíen al cliente a través de la historia que quieres contar.
   - **Consejo**: Una lámpara de la línea **KENSETSU** en la entrada puede crear un impacto inicial, mientras que las lámparas de la línea **SHIZEN** en el área de descanso proporcionan una experiencia de calma.
3. **Experimenta con la Intensidad y el Color**
   Usa reguladores de intensidad para cambiar la luz según la hora del día o el tipo de cliente. Esto puede ser particularmente efectivo en restaurantes, donde la luz del mediodía puede ser brillante y la de la noche tenue y romántica.

Ejercicio Práctico: Cuenta Tu Historia con Luz

1. **Define la Historia que Quieres Contar**
   Piensa en el mensaje de tu negocio y cómo quieres que los clientes lo perciban.
2. **Selecciona los Puntos Clave para Resaltar**
   Decide qué elementos o productos necesitan protagonismo.
3. **Diseña una Secuencia de Luz**
   Planifica cómo la luz cambiará a lo largo del recorrido del cliente en tu espacio.
4. **Observa y Ajusta**
   Evalúa cómo los clientes interactúan con tu narrativa de luz. ¿Están captando el mensaje? Si no, ajusta la iluminación.

> Luces, Ventas y Acción: Cómo la Iluminación Transforma
> tu Local en una Máquina de Vender

Capítulo 10: Cómo Usar la Iluminación para Destacar Productos Específicos

La iluminación puede ser el factor que convierte un producto ordinario en uno excepcional. Cuando se utiliza de manera estratégica, resalta las características clave de los productos, atrae la atención de los clientes y cambia su percepción de valor. En este capítulo, exploraremos cómo utilizar la iluminación focal y direccional para destacar productos específicos y compartiremos ejemplos prácticos que muestran el impacto de la luz en la experiencia de compra.

1. **Iluminación Focal y Direccional: La Clave para Resaltar Productos**

Iluminación Focal

La iluminación focal utiliza luces que se dirigen hacia un área o producto específico para atraer la mirada del cliente. Este enfoque ayuda a destacar detalles importantes, como texturas, colores y formas, y crea un punto de interés dentro del espacio.

Iluminación Direccional

La luz direccional guía la mirada del cliente hacia un área determinada, creando un recorrido visual que puede llevar al cliente a explorar más. Los focos ajustables, las lámparas de riel y las luces empotradas son excelentes opciones para controlar la dirección de la luz y centrar la atención donde más se necesita.

2. **Estrategias de Iluminación para Destacar Productos**

    1. **Usa Luz de Enfoque en Productos Clave**
        - **Técnica**: Coloca luces de acento sobre productos clave que deseas destacar, como una lámpara de riel con focos dirigidos.
        - **Ejemplo Práctico**: En una joyería, utiliza focos LED de alta intensidad para iluminar anillos, collares o relojes. Esto no solo resalta el brillo de las piezas, sino que crea un aura de lujo y exclusividad.

¿Dudas?, escríbeme en @soysamanthaluz. Estoy aquí para iluminar tu camino.

2. **Crea Contrastes con Luz y Sombra**
   - **Técnica**: Usa un contraste entre áreas iluminadas y sombreadas para guiar la atención del cliente hacia los productos más destacados.
   - **Ejemplo Práctico**: En una tienda de vinos, puedes iluminar botellas específicas con luces cálidas y dejar el fondo en sombra. Esto genera un efecto dramático y hace que el producto parezca más atractivo y exclusivo.

3. **Iluminación de Texturas y Detalles**
   - **Técnica**: La luz dirigida desde diferentes ángulos puede resaltar las texturas, colores y detalles de un producto, haciendo que se vean más interesantes y deseables.
   - **Ejemplo Práctico**: En una tienda de ropa, puedes usar luces desde arriba y de los costados para resaltar el brillo de una prenda de seda o la textura de un tejido rugoso.

4. **Luz Variable según la Hora del Día**
   - **Técnica**: Cambia la intensidad y la temperatura de la luz según la hora del día para adaptarte a las necesidades de los clientes y del entorno.
   - **Ejemplo Práctico**: En una panadería, usa luz cálida e intensa en la mañana para hacer que los productos horneados luzcan frescos y apetitosos. Durante la tarde, baja la intensidad para crear un ambiente más relajado y acogedor.

5. **Iluminación de Productos Gourmet**
   - **Técnica**: Usa luz cálida y suave para resaltar alimentos y productos gourmet, creando un ambiente que estimule los sentidos.
   - **Ejemplo Práctico**: En una tienda de productos gourmet, utiliza luces dirigidas hacia los estantes de quesos, vinos o chocolates para realzar los colores naturales y crear una sensación de lujo.

6. **Iluminación desde Abajo para Piezas de Arte o Esculturas**

- **Técnica**: Ilumina productos desde abajo para crear una apariencia imponente y destacar detalles únicos.
- **Ejemplo Práctico**: En una galería de arte o tienda de decoración, puedes usar luces empotradas en el suelo para resaltar esculturas, creando un efecto dramático que eleva la percepción del producto.

3. **Cómo la Iluminación Cambia la Percepción del Valor del Producto**

La forma en que iluminas un producto puede cambiar completamente la forma en que los clientes lo perciben. La iluminación adecuada puede hacer que un producto se vea más caro, exclusivo o deseable. Aquí algunos ejemplos:

- **Joyería de Lujo**: La luz LED dirigida a una joya aumenta su brillo, reflejo y colores, haciendo que se vea más lujosa y de alta calidad.
- **Ropa de Alta Gama**: Usar luces cálidas y dirigidas desde diferentes ángulos puede realzar las texturas, como la suavidad de un vestido de seda o el acabado de un traje. Esto refuerza la percepción de calidad y elegancia.
- **Alimentos y Bebidas**: Los alimentos frescos se ven más atractivos bajo luz cálida y natural. Las frutas y verduras, por ejemplo, parecen más vibrantes y frescas cuando se iluminan adecuadamente, lo que incentiva la compra.

Ejercicio Práctico: Ilumina y Transforma un Producto

1. **Selecciona un Producto para Resaltar**
Decide cuál de tus productos quieres destacar en tu local.
2. **Elige la Técnica de Iluminación**
Escoge una técnica, como luz focal, iluminación desde abajo o creación de contrastes.
3. **Observa la Reacción del Cliente**
Observa cómo los clientes interactúan con el producto bajo la nueva iluminación. ¿Atrae más atención? ¿Aumentan las ventas?
4.
Comparte tus Resultados

Quiero conocer cómo la iluminación transforma tus productos.

¿Dudas? , escríbeme en @soysamanthaluz. Estoy aquí para iluminar tu camino.

Comparte fotos, comentarios y experiencias en @soysamanthaluz.
¡Estoy aquí para ayudarte a iluminar tus éxitos!

> Luces, Ventas y Acción: Cómo la Iluminación Transforma tu Local en una Máquina de Vender

Capítulo 11: Guía para Crear Ambientes Temáticos con Luz

La iluminación tiene el poder de transformar un espacio, creando atmósferas únicas que transmiten la esencia de tu negocio. Los ambientes temáticos refuerzan la experiencia del cliente, dejando una impresión duradera y alineándose con la identidad de la marca. En este capítulo, te mostramos cómo usar la luz para crear ambientes específicos, como vintage, minimalista, natural y más, y cómo combinarla con otros elementos de decoración para maximizar su impacto.

1. Ambiente Vintage

Características del Estilo Vintage

El estilo vintage evoca nostalgia y rememora épocas pasadas a través de detalles clásicos, materiales antiguos y una iluminación cálida que crea un entorno acogedor y elegante.

Iluminación Recomendada

- **Lámparas con Acabados de Hierro Forjado o Cristal**: La línea **OMUKASHII** es ideal para este estilo, con diseños que evocan candelabros antiguos o lámparas de vidrio soplado.
- **Bombillas de Filamento**: Utiliza bombillas incandescentes o LED con filamento visible para crear una atmósfera cálida y auténtica.
- **Luz Cálida y Difusa**: Mantén una iluminación tenue para resaltar el carácter nostálgico del espacio.

Combinación con Elementos de Decoración

- **Muebles de Madera Recuperada**: Complementa con muebles antiguos o restaurados.
- **Textiles Retro**: Usa cortinas, alfombras y tapicería con patrones clásicos.
- **Accesorios Decorativos**: Relojes de pared antiguos, espejos de marco dorado o detalles en bronce pueden reforzar el ambiente.

2. Ambiente Minimalista

Características del Estilo Minimalista

Este estilo se caracteriza por líneas limpias, espacios despejados y un enfoque en lo esencial. La iluminación debe ser discreta, funcional y estéticamente refinada.

Iluminación Recomendada

- **Lámparas de Diseño Geométrico**: La línea **KENSETSU**, con su enfoque en materiales de construcción y formas simples, se adapta perfectamente al minimalismo.
- **Luz Fría y Blanca**: Utiliza iluminación LED con luz neutra o fría para un aspecto moderno y limpio.
- **Focos Empotrados o Lámparas Ocultas**: Crea efectos de luz indirecta para un ambiente elegante y sereno.

Combinación con Elementos de Decoración

- **Paleta de Colores Neutros**: Blanco, gris, beige y tonos monocromáticos que aporten serenidad.
- **Mobiliario de Líneas Simples**: Opta por muebles sin detalles recargados.
- **Elimina el Desorden**: Mantén el espacio despejado, con solo los elementos esenciales a la vista.

3. Ambiente Natural

Características del Estilo Natural

Este ambiente busca traer el exterior al interior, utilizando elementos que reflejan la naturaleza y generan una sensación de paz y conexión con el entorno.

Iluminación Recomendada

- **Lámparas con Materiales Naturales**: La línea **SHIZEN** es ideal, con lámparas de madera, bambú o elementos vegetales.
- **Luz Natural y Cálida**: Maximiza el uso de luz natural y combina con iluminación cálida para una experiencia

armónica.
- **Lámparas Colgantes y Jardines Verticales**: Integra luminarias que se entrelacen con plantas o materiales orgánicos.

Combinación con Elementos de Decoración
- **Plantas de Interior**: Utiliza plantas en macetas, jardines verticales o detalles verdes.
- **Madera y Piedras**: Introduce muebles y accesorios hechos de madera sin tratar, piedras o materiales orgánicos.
- **Colores Naturales**: Verde, tierra, beige y tonos de madera que complementen el ambiente.

4. **Ambiente Industrial**

Características del Estilo Industrial

El estilo industrial combina elementos robustos, acabados metálicos y un aire de taller o fábrica. La iluminación debe reflejar esa fortaleza y autenticidad.

Iluminación Recomendada

- **Lámparas de Metal, Concreto y Hierro**: La línea **KENSETSU** aporta materiales de construcción auténticos que destacan el carácter industrial.
- **Luz Fría y Brillante**: Utiliza focos LED potentes para crear una atmósfera energizante.
- **Tubos Expuestos y Lámparas de Riel**: Integra luces que muestren sus mecanismos, como cables o tubos.

Combinación con Elementos de Decoración
- **Paredes de Ladrillo Expuesto**: Refuerza el estilo industrial.
- **Muebles Metálicos o de Madera Rústica**: Crea un contraste atractivo.
- **Accesorios de Taller**: Relojes de pared grandes, engranajes decorativos, o detalles metálicos.

Recomendaciones Generales para Crear Ambientes Temáticos con Luz

1. **Define el Tema y la Experiencia Deseada**
Piensa en la sensación que quieres transmitir a tus clientes. Elige un tema que se alinee con tu marca y ajusta la iluminación en consecuencia.

2. **Combina la Luz con la Decoración**
 La luz debe complementar los elementos de decoración, no competir con ellos. Busca la armonía entre ambos.
3. **Adapta la Intensidad y el Color**
 Usa reguladores de luz para cambiar la intensidad según la hora del día o la atmósfera que desees crear.

Ejercicio Práctico: Crea Tu Ambiente Temático con Luz
1. **Selecciona el Tema que Más Resuene con tu Marca**
2. **Elige las Lámparas y el Tipo de Luz**
 Escoge entre **SHIZEN**, **KENSETSU** u **OMUKASHII** según el ambiente que desees crear.
3. **Combina con Elementos de Decoración**
 Incorpora muebles, colores y accesorios que refuercen el tema.
4. **Prueba y Ajusta**
 Observa cómo reaccionan tus clientes y realiza ajustes para mejorar la experiencia.

Comparte tu Experiencia
Quiero ver cómo transformas tu local con luz y decoración temática. Escríbeme en @soysamanthaluz y comparte tus resultados.

Capítulo 12: Las Herramientas que Transformarán la Iluminación de Tu Local

La iluminación no se trata solo de instalar lámparas; es un arte respaldado por la precisión de herramientas que te permiten planificar, ajustar y perfeccionar la luz. En este capítulo, no solo conocerás las herramientas clave, sino que también aprenderás cómo usarlas para transformar tu local en un espacio que deslumbre a tus clientes y potencie tus ventas.

No solo embellece un espacio, sino que lo transforma en un entorno atractivo, funcional y memorable. Con las herramientas adecuadas, puedes planificar cada detalle de la luz en tu local para que hable el lenguaje de tu marca. En este capítulo, te presento herramientas prácticas, ejemplos reales y ejercicios interactivos para que domines el arte y la técnica de la iluminación.

1. El Luxómetro: El Detective de la Luz

¿Qué es y por qué es esencial?

El luxómetro mide la intensidad lumínica en un espacio (en lux). Es tu mejor amigo para descubrir si tus productos estrella están recibiendo la luz adecuada o si la entrada de tu local está demasiado oscura para atraer clientes.

Cómo Usarlo Paso a Paso:

1. Coloca el sensor del luxómetro o tu smartphone sobre la superficie que deseas medir. Por ejemplo, el mostrador, una vitrina o la entrada.

2. **Lee la medición en lux y compárala con los estándares recomendados:**

    o Entrada: 300-500 lux.

    o Puntos de venta destacados: 500-750 lux.

- Zona de trabajo: 1000+ lux.

3. Ajusta las luces en función de los resultados. Cambia la intensidad, el ángulo o el tipo de luminaria.

Aplicaciones Móviles Recomendadas:

- Lux Light Meter Pro: Fácil de usar y gratuito. Ideal para medir rápidamente.
- Light Meter – Lux Measurement Tool: Ofrece datos precisos y gráficos visuales.

Ejercicio Práctico:

1. Mide la luz en tres áreas clave de tu local (entrada, vitrina y zona de productos destacados).
2. Anota las mediciones y compáralas con los valores ideales.
3. Ajusta una lámpara y mide nuevamente. ¿Notas la diferencia?

2. Aplicaciones Móviles: Diseña y Mide Desde Tu Bolsillo

La tecnología ha simplificado el diseño de iluminación con aplicaciones móviles que convierten tu teléfono en una herramienta poderosa. Desde medir luz hasta planificar esquemas complejos, estas apps son ideales para dueños de negocios y diseñadores principiantes.

Apps Esenciales:

- RoomSketcher: Diseña tu local en 3D y experimenta con diferentes esquemas de iluminación.
- Philips Hue App: Controla el color, la intensidad y los horarios de las luces inteligentes.
- Lumosity Design: Visualiza cómo las sombras y reflejos afectan la iluminación.

Pro Tip Inspirador:

Usa una app para cambiar el esquema de iluminación según eventos o temporadas. Por ejemplo, crea un ambiente festivo con tonos cálidos para Navidad y un esquema más vibrante para rebajas.

Ejercicio Interactivo:

1. Descarga una app y diseña un pequeño esquema de iluminación para una vitrina.
2. Ajusta el color y la intensidad según los productos destacados.
3. Evalúa cómo cambia la percepción del cliente.

3. Simulación de Luz: Ve el Futuro de tu Espacio

¿Por qué es importante?

Las simulaciones te permiten visualizar cómo quedará la iluminación antes de invertir en cambios o compras. Con herramientas avanzadas, puedes calcular sombras, reflejos y la distribución de la luz en tiempo real.

Herramientas Clave:

- Dialux Evo (gratuito): Simula diseños de iluminación en espacios 3D.
- SketchUp + Extensiones: Combina diseño arquitectónico con efectos de luz.
- Autodesk Revit: Ideal para proyectos complejos de diseño integral.

Ejemplo Inspirador:

Una tienda de vinos utilizó Dialux para probar cómo la iluminación cálida en estantes oscuros hacía que las etiquetas de las botellas destacaran más. El resultado: un ambiente sofisticado y un aumento del 30% en ventas de productos premium.

Ejercicio Práctico:

1. Descarga Dialux Evo y crea un modelo simple de tu local.
2. Prueba diferentes lámparas y observa cómo cambian las sombras y la intensidad.
3. Experimenta con una lámpara colgante de la línea SHIZEN y otra de la línea KENSETSU. ¿Qué estilo funciona mejor?

4. Lámparas Inteligentes: Personalización al Instante

La tecnología de iluminación inteligente te da el poder de cambiar colores, intensidades y horarios con un solo clic. Perfecta para locales que necesitan adaptarse a diferentes momentos del día o eventos especiales.

Opciones Recomendadas:

- Philips Hue Lights: Ofrecen miles de colores y se controlan desde el móvil.
- LIFX Smart Bulbs: Bombillas Wi-Fi que no necesitan hub, ideales para cambios rápidos.
- Caséta by Lutron: Automatiza las luces y las persianas para optimizar la luz natural.

Ejemplo Inspirador:

Un restaurante con lámparas de la línea OMUKASHII programa sus luces cálidas para cenas románticas y luces frías para los desayunos. Esta personalización ha fidelizado a sus clientes.

Ejercicio Rápido:

1. Instala una bombilla inteligente en una lámpara de riel.
2. Prueba diferentes colores y horarios.

¿Dudas? , escríbeme en @soysamanthaluz. Estoy aquí para iluminar tu camino.

3. Crea un ambiente específico (por ejemplo, un esquema cálido para una promoción especial).

5. Herramientas de Eficiencia Energética: Ahorra y Brilla

Por qué son esenciales: Reducir el consumo eléctrico sin sacrificar la calidad de la luz es una prioridad. Con herramientas de eficiencia energética, puedes medir el impacto real de tus cambios.

Opciones Prácticas:

- Kill A Watt: Mide el consumo eléctrico de cada lámpara.
- Apps de monitoreo como JouleBug: Rastrea el uso de energía y ofrece sugerencias para optimizar.

Ejercicio Interactivo:

1. Identifica las bombillas más antiguas o ineficientes de tu local.
2. Cámbialas por LED y mide la diferencia en consumo.
3. Calcula el ahorro proyectado en un mes.

Haz de la Luz Tu Aliada

Con estas herramientas, no solo podrás planificar y ajustar la iluminación de tu local, sino que también tendrás el control total para crear ambientes que conecten emocionalmente con tus clientes. Recuerda, una luz bien planificada no solo ilumina un espacio, sino que también cuenta una historia.

Domina la Luz con las Herramientas Correctas

La iluminación no es solo una necesidad, es una herramienta poderosa para conectar con tus clientes. Con estas herramientas, puedes planificar, ajustar y medir cada detalle de luz en tu local, transformándolo en un espacio que hable el lenguaje de tu marca.

Comparte **Tu** **Experiencia:**

¿Dudas? , escríbeme en @soysamanthaluz. Estoy aquí para iluminar tu camino.

¿Has probado alguna de estas herramientas? Cuéntame tu experiencia y comparte tus avances en @soysamanthaluz. ¡Estoy aquí para iluminar tus ideas!

Capítulo 13: Historias de Éxito – Iluminando el Camino al Éxito

El impacto de la iluminación en un negocio va más allá de lo estético; transforma espacios, genera experiencias memorables y aumenta el flujo de clientes y ventas. A lo largo de mi trayectoria, he tenido el privilegio de trabajar en proyectos únicos que han marcado una diferencia notable en sus espacios y resultados. Aquí comparto algunas de esas historias de éxito que me llenan de orgullo.

Todas las Tiendas de Gabriela Chacón y su Hogar: Diseñando Espacios con Alma y Estilo

Gabriela Chacón, reconocida diseñadora de trajes de baño en Venezuela, nos confió un desafío único: iluminar todas sus tiendas y su hogar. Cada espacio debía transmitir su esencia: frescura, sofisticación y una conexión especial con el estilo tropical que caracteriza su marca. Este proyecto no solo implicaba diseñar esquemas de iluminación funcionales, sino también dotarlos de personalidad, un toque que logramos gracias a las lámparas personalizadas que fabricamos en nuestro taller familiar.

El Reto: Unificar Marca y Estilo en Espacios Comerciales y Personales

Gabriela no buscaba simplemente luz para sus espacios; quería que cada tienda y cada rincón de su hogar contara una historia, que evocara elegancia, modernidad y un aire tropical. El desafío era crear un diseño coherente que destacara los vibrantes colores de sus colecciones en un entorno profesional y, a su vez, transformar su hogar en un santuario personal.

La Solución en sus Tiendas: Una Experiencia de Marca Única

1. Diseños Personalizados desde Nuestro Taller: Muchas de las lámparas utilizadas fueron creadas en nuestro propio taller familiar. Cada diseño fue pensado para reflejar la frescura y el dinamismo de la marca. Desde lámparas colgantes con detalles de madera natural de la

línea SHIZEN hasta piezas con acabados metálicos modernos de la línea KENSETSU, cada luminaria tenía su propia personalidad.

2. Iluminación Focal para Resaltar Productos:

    o Instalamos luces LED cálidas y dirigidas sobre los estantes y maniquíes para destacar los vibrantes colores y texturas de los trajes de baño.

    o En las vitrinas, utilizamos lámparas de acento que atraían la atención desde el exterior, guiando a los clientes hacia el interior de las tiendas.

3. Creación de Ambientes Tropicales:

    o Incorporamos lámparas con detalles inspirados en elementos naturales, como madera y vidrio soplado, que evocaban la frescura del océano y las playas venezolanas.

    o En las zonas de caja y probadores, las luces suaves y cálidas creaban un ambiente acogedor y relajante.

La Solución en su Hogar: Elegancia Personalizada

1. Iluminación para Espacios Sociales:

    o En el salón principal, instalamos lámparas de la línea OMUKASHII, con un diseño vintage que añadía un toque de sofisticación. Estas luminarias se convirtieron en piezas decorativas que complementaban el mobiliario de lujo.

2. Ambientes Cálidos en Zonas Privadas:

    o En su dormitorio, optamos por luces indirectas que generaban un ambiente íntimo y relajante. Las lámparas de mesa hechas a mano en nuestro taller añadían un toque personal y cálido.

- En el comedor, las luminarias colgantes con detalles en madera creaban un ambiente elegante y natural, ideal para reuniones familiares y sociales.

3. Personalización Total:
Cada lámpara diseñada para su hogar fue creada con atención al detalle, asegurándonos de que cada espacio reflejara su estilo personal.

El Resultado: Un Éxito en Todos los Sentidos

- En las Tiendas:
La iluminación adecuada no solo mejoró la percepción de los productos, sino que también creó una experiencia de compra inolvidable. Cada tienda se convirtió en un espacio que atraía y retenía a los clientes, aumentando las ventas y fortaleciendo la identidad de marca de Gabriela.

- En su Hogar:
La iluminación transformó su casa en un refugio de elegancia y calidez. Gabriela elogió cómo cada espacio reflejaba su personalidad y cómo las lámparas diseñadas por nosotros se convirtieron en piezas únicas que contaban una historia propia.

Inspiración para Otros Proyectos

Este proyecto es un testimonio de cómo la iluminación adecuada, combinada con diseños personalizados, puede transformar tanto espacios comerciales como personales. Cada lámpara creada en nuestro taller no solo era funcional, sino también un reflejo del alma del espacio.

Comparte Tu Historia: Si quieres transformar tu local o tu hogar con un diseño que hable por ti, escríbeme en Instagram @soysamanthaluz. ¡Hagamos que tu espacio cuente su propia historia!

2. Paleterías: Helados que Brillan Bajo la Luz

Paleterías, una conocida cadena de heladerías artesanales en Venezuela, quería que sus productos fueran el centro de atención. Más que un lugar donde comprar helados, buscaban crear un espacio que ofreciera una experiencia visual y sensorial inolvidable.

El Reto: Hacer que los Helados Fuesen Irresistibles

Con colores vibrantes y presentaciones cuidadosamente elaboradas, los helados eran la joya del lugar, pero necesitaban una iluminación que destacara su frescura y atractivo, al mismo tiempo que mantenía el ambiente moderno y juvenil de la tienda.

La Solución: Iluminación para Atraer y Retener Clientes

1. **Focos LED en las Vitrinas:**
   - Instalamos luces LED de alta intensidad directamente sobre las vitrinas de helados, resaltando los colores y texturas únicas de cada sabor.
   - Optamos por luz fría para mantener la percepción de frescura y asegurar que los helados siempre lucieran impecables.

2. **Diseños Colgantes Modernos:**
   - Lámparas colgantes de la línea **KENSETSU**, hechas en metal con acabados industriales, añadieron un toque contemporáneo al espacio.
   - Las luminarias estaban posicionadas estratégicamente para iluminar las áreas de compra y generar una atmósfera acogedora.

3. **Zonas de Fotos:**

¿Dudas? , escríbeme en @soysamanthaluz. Estoy aquí para iluminar tu camino.

- Creamos una "zona instagrameable" con luces cálidas y sombras suaves que invitaban a los clientes a tomar fotos con sus helados, convirtiendo la tienda en un lugar de referencia en redes sociales.

El Resultado: Helados que Brillan y Ventas que Crecen

La nueva iluminación no solo destacaba los productos, sino que también creaba un ambiente atractivo que invitaba a los clientes a quedarse más tiempo. El flujo de personas aumentó, y las redes sociales de la marca comenzaron a llenarse de fotos tomadas por los propios clientes.

3. PizPa: La Pizzería de los 100 Sabores

PizPa, conocida por su concepto único de ofrecer 100 combinaciones de sabores, es un espacio que respira creatividad. Querían que su iluminación reflejara la diversión y originalidad de su propuesta, atrayendo a familias y jóvenes por igual.

El Reto: Resaltar la Variedad y Crear un Ambiente Dinámico

Con una oferta tan variada, la barra de ingredientes debía ser un punto focal. Además, el espacio debía transmitir un ambiente alegre y acogedor, donde las familias y los grupos de amigos pudieran disfrutar de una experiencia única.

La Solución: Luces que Combinan como Sabores

1. **Iluminación de la Barra de Ingredientes:**
    - Instalamos luces LED cálidas sobre la barra, creando un efecto teatral que destacaba la frescura y el color de cada ingrediente.
2. **Lámparas de Diseño Personalizado:**
    - Incorporamos luminarias de la línea **OMUKASHII**, con toques vintage, en las zonas de mesas y áreas comunes. Estos diseños añadían un carácter único al

lugar.

3. **Zonas de Descubrimiento:**
    o En áreas secundarias, como las paredes decorativas y las zonas de espera, utilizamos luces indirectas que guiaban la mirada hacia elementos decorativos clave.

El Resultado: Una Experiencia que Sabe a Éxito

PizPa no solo se convirtió en un lugar donde comer, sino en un destino donde las personas vivían una experiencia completa. La iluminación destacaba la variedad y calidad de sus pizzas, mientras creaba un ambiente inolvidable que invitaba a los clientes a regresar.

4. Sotavento La Guaira: Iluminando la Feria

El **Centro Comercial Sotavento** en La Guaira es un punto de encuentro familiar, conocido por su feria de comida que ofrece una gran variedad de opciones gastronómicas. Nos encargaron la iluminación de toda la feria, un proyecto que requería combinar funcionalidad con diseño atractivo.

El Reto: Crear un Espacio Versátil y Acogedor

La feria debía ser un lugar donde las familias se sintieran cómodas, los espacios estuvieran bien definidos y cada restaurante pudiera destacar sus ofertas, todo sin perder la cohesión visual.

La Solución: Luces para Cada Momento y Espacio

1. **Iluminación General Uniforme:**
    - Instalamos lámparas de techo de la línea **KENSETSU** en las áreas comunes, asegurando una luz homogénea y suficiente para el flujo de personas.

2. **Zonas de Comida con Luz Cálida:**
    - En los espacios de restaurantes, utilizamos luces cálidas para crear un ambiente acogedor que invitara a las familias a quedarse más tiempo.

3. **Elementos Decorativos Iluminados:**
    - Incorporamos luces indirectas en paredes y detalles

arquitectónicos, añadiendo profundidad y dinamismo al diseño general.

El Resultado: Un Punto de Encuentro Favorito

La feria se transformó en un lugar vibrante y funcional, atrayendo a más visitantes y consolidándose como un espacio icónico en La Guaira.

Inspiración para Ti

Cada proyecto, desde tiendas de diseño hasta ferias familiares, demuestra cómo la iluminación puede transformar no solo un espacio, sino también la experiencia de quienes lo visitan. ¿Qué historia quieres contar en tu local?

Comparte Tu Proyecto:

Si deseas transformar tu negocio o espacio personal, contáctame en Instagram @soysamanthaluz. Juntos podemos iluminar tu camino hacia el éxito.

Capítulo 14: Marketing Sensorial e Iluminación – Creando Experiencias Inolvidables

El marketing sensorial es una estrategia que apela a los sentidos para generar emociones, crear conexiones profundas con los clientes y mejorar la percepción de marca. La iluminación, como parte clave de esta experiencia, no solo ilumina un espacio, sino que activa emociones, estimula decisiones y refuerza la identidad de tu negocio. Combinada con otros sentidos como el olfato, el tacto y la música, se convierte en una herramienta poderosa para diferenciarte.

1. ¿Qué es el Marketing Sensorial y por qué es importante?

El marketing sensorial busca conectar con los clientes a través de estímulos multisensoriales que influyen en su percepción y comportamiento. La iluminación es esencial porque:

- **Guía la experiencia visual:** Ayuda a los clientes a enfocarse en áreas clave.
- **Evoca emociones:** La luz puede hacer que un espacio se sienta acogedor, emocionante o exclusivo.
- **Refuerza la identidad de marca:** La elección de luz cálida, fría o de colores específicos puede transmitir el carácter único de tu negocio.

2. La Luz como Protagonista del Marketing Sensorial

Impacto Visual y Emocional:
La luz dirige la mirada, crea zonas de interés y genera sensaciones que afectan cómo los clientes interactúan con tu espacio. Por ejemplo:

- **Luz cálida:** Genera confort y confianza. Ideal para cafeterías, boutiques y restaurantes.
- **Luz fría:** Transmite modernidad y frescura. Perfecta para clínicas, oficinas y tiendas de tecnología.
- **Luz de colores:** Estimula emociones específicas (rojo para pasión, azul para calma, verde para naturaleza).

Ejemplo Real:
En **Paleterías**, la luz fría sobre los helados resaltaba su frescura, mientras que la luz cálida en las áreas de consumo invitaba a los clientes a quedarse más tiempo.

3. Combinando la Luz con Otros Sentidos

1. **Luz y Olfato: Una Conexión Poderosa**
    - Los aromas pueden potenciar la percepción de un espacio.
    - **Ejemplo:** En una panadería, la luz cálida combinada con el aroma de pan recién horneado crea una sensación irresistible de hogar.

Cómo Implementarlo:
    - Asegúrate de que la iluminación resalte los productos relacionados con el aroma (como vitrinas de pan o cafeteras).
    - Usa lámparas colgantes con luz cálida para evocar calidez y autenticidad.

2. **Luz y Sonido: La Sinfonía del Ambiente**
    - La música y la iluminación trabajan juntas para crear el estado de ánimo perfecto.
    - **Ejemplo:** En un bar con iluminación tenue y luces dirigidas a las botellas de licor, la música de fondo crea un ambiente exclusivo que fomenta el consumo.

Cómo Implementarlo:
    - Ajusta la intensidad de la luz según el volumen y ritmo de la música (luz tenue para música suave, luz vibrante para ritmos enérgicos).
    - Utiliza lámparas programables para cambiar el ambiente según el horario.

3. **Luz y Tacto: Iluminación que Invita a Tocar**
    - Los objetos bien iluminados invitan a los clientes a interactuar con ellos.
    - **Ejemplo:** En una tienda de ropa, la iluminación cálida sobre una prenda de textura suave anima a los clientes a tocar y probarla.

Cómo Implementarlo:
    - Usa focos de luz cálida para destacar productos con texturas interesantes.
    - Combina luz focal con sombras suaves para resaltar los detalles.

4. Diseña un Viaje Sensorial Completo
Entrada Impactante:
La entrada es el primer contacto con tus clientes. Usa una luz llamativa combinada con música que transmita la energía de tu marca.
- **Ejemplo:** Una tienda de tecnología podría tener luz LED fría

en tonos azulados y un aroma a innovación, como menta o cítricos.

Zonas de Descanso: Crea áreas donde los clientes puedan relajarse. La iluminación cálida y tenue, combinada con un aroma relajante, como lavanda, hará que se sientan cómodos.
- **Ejemplo:** En una tienda de muebles, coloca lámparas colgantes sobre las áreas de prueba y combina con una playlist de música tranquila.

Puntos Focales: Destaca los productos estrella con luz directa, mientras usas otros estímulos sensoriales para reforzar su atractivo.
- **Ejemplo:** En una tienda de perfumes, ilumina las botellas con luz cálida y utiliza un sistema de pruebas olfativas cerca de cada producto.

5. Casos de Éxito: Cómo la Luz y el Marketing Sensorial Crearon Experiencias Memorables

- **Celicor Boutique:** En esta licorería de lujo, la iluminación cálida y focal sobre las botellas, combinada con música suave y aromas amaderados, creó un ambiente de exclusividad que incentivaba la compra de productos premium.
- **Sotavento La Guaira:** La feria gastronómica utilizó luz cálida en las áreas de comida para crear un ambiente acogedor, mientras que los aromas de los restaurantes llenaban el espacio, invitando a los visitantes a explorar.

6. Ejercicio Práctico: Diseña Tu Estrategia Sensorial

1. **Define Tu Identidad de Marca:**
    - ¿Qué sensaciones quieres transmitir? (Calidez, modernidad, exclusividad).
2. **Elige los Sentidos Clave:**
    - Luz: ¿Qué tipo de iluminación representa mejor tu negocio?
    - Aroma: ¿Qué fragancia conecta con tu marca?
    - Sonido: ¿Qué tipo de música crea el ambiente ideal?
3. **Implementa Cambios Pequeños y Evalúa:**
    - Ajusta la luz de un área y combina con un aroma específico.
    - Observa cómo reaccionan los clientes y ajusta según sea necesario.

Luces, Ventas y Acción: Cómo la Iluminación Transforma tu Local en una Máquina de Vender

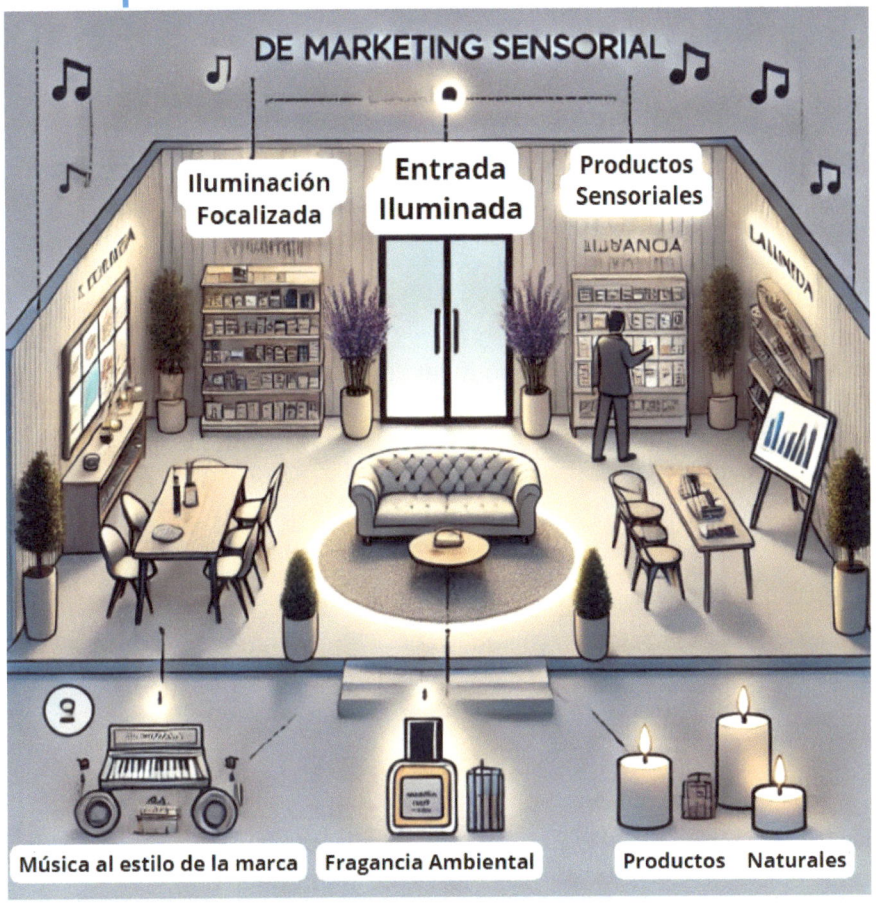

Conquista los Sentidos para Conquistar Corazones
El marketing sensorial, liderado por la iluminación, no solo mejora la experiencia del cliente, sino que también fortalece la relación con tu marca. Cuando combinas luz, aromas, música y texturas, creas un espacio donde los clientes no solo compran, sino que viven una experiencia única.
Comparte Tu Experiencia Sensorial: ¿Has probado una estrategia de marketing sensorial en tu negocio? Escríbeme en @soysamanthaluz y comparte tus ideas y resultados. ¡Estoy aquí para ayudarte a iluminar tu camino hacia el éxito!

Capítulo 15: Checklist para Evaluar la Iluminación de un Local

Evaluar la iluminación de un local comercial es esencial para garantizar una experiencia positiva para los clientes y optimizar el diseño del espacio. Una checklist detallada no solo ayuda a identificar áreas de mejora, sino también a planificar cambios que potencien las ventas y refuercen la identidad de la marca. En este capítulo, desarrollaremos una guía práctica con ejemplos y acciones específicas para transformar tu local con luz.

1. Entrada del Local: La Primera Impresión Importa
La entrada es tu carta de presentación. Es lo primero que ven los clientes y debe captar su atención al instante.
Preguntas para Evaluar:
- ¿La entrada tiene suficiente iluminación para destacar incluso desde la distancia?
- ¿Hay elementos mal iluminados, como letreros o vitrinas?
- ¿La temperatura de color de la luz (cálida, neutra o fría) refleja la esencia de tu marca?

Ejemplo Práctico:
En una panadería, instalamos luces cálidas sobre el letrero principal y añadimos focos dirigidos hacia los estantes con productos destacados en la vitrina. Esto no solo aumentó la visibilidad del local, sino que también evocó una sensación de calidez y frescura.

Acciones:
- Agrega iluminación LED de acento a los letreros y vitrinas.
- Asegúrate de que no haya sombras en las áreas clave.
- Considera instalar lámparas colgantes que guíen al cliente hacia la entrada.

2. Zonas de Productos: Destacando lo que Vendes
Estas áreas deben resaltar tus productos y generar un deseo inmediato de explorarlos.
Preguntas para Evaluar:
- ¿La luz resalta los colores y texturas de los productos?
- ¿Hay focos dirigidos hacia los productos estrella o novedades?
- ¿La iluminación guía al cliente hacia las áreas de mayor interés?

Ejemplo Práctico: En una tienda de ropa, utilizamos luces LED cálidas y focales para resaltar las prendas más destacadas en los maniquíes, lo que aumentó las ventas de esos productos en un 20%. También iluminamos las paredes con luz indirecta para dar profundidad al espacio.

Acciones:
- Usa luces focales en estantes y vitrinas para productos clave.
- Ajusta la intensidad de la luz según el tipo de producto (suave para alimentos frescos, brillante para joyería).
- Instala iluminación móvil, como rieles de focos, para adaptar el diseño según las necesidades.

3. Área de Caja o Atención al Cliente: Donde se Cierra la Venta

La caja debe ser funcional y transmitir confianza. La iluminación adecuada facilita las transacciones y mejora la percepción del servicio.

Preguntas para Evaluar:
- ¿El mostrador está bien iluminado para facilitar las operaciones?
- ¿Se evita el deslumbramiento en pantallas y superficies?
- ¿La luz cálida y suave genera un ambiente amigable?

Ejemplo Práctico: En un restaurante, instalamos lámparas colgantes con luz cálida sobre la caja. Esto no solo iluminó el área de pago, sino que también añadió un toque decorativo que reforzó la identidad del local.

Acciones:
- Usa lámparas decorativas colgantes con luz cálida para crear un ambiente acogedor.
- Asegúrate de que la iluminación sea suficiente para leer recibos y operar dispositivos electrónicos.
- Si es posible, integra elementos decorativos iluminados, como plantas o letreros.

4. Pasillos y Zonas de Circulación: Guía Visual para los Clientes

Los pasillos bien iluminados no solo son funcionales, sino que también dirigen a los clientes hacia áreas clave de tu negocio.

Preguntas para Evaluar:
- ¿Los pasillos están iluminados de manera uniforme?
- ¿La iluminación guía al cliente hacia zonas específicas (ofertas, novedades, productos estrella)?

- ¿Se evita el uso de luces demasiado brillantes o deslumbrantes?

Ejemplo Práctico: En una tienda de tecnología, instalamos tiras LED en los estantes que bordeaban los pasillos. Esto no solo facilitó la circulación, sino que también resaltó los productos expuestos en las áreas de tránsito.

Acciones:
- Usa tiras LED empotradas o luces indirectas para una iluminación uniforme.
- Instala focos dirigidos hacia señalizaciones o promociones importantes.
- Ajusta la intensidad de la luz según la función del pasillo (más brillante para áreas de productos, más suave para zonas de descanso).

5. Zonas de Descanso o Espera: Crea un Espacio Acogedor

Si tienes áreas de espera o descanso, estas deben ser tranquilas y agradables para fomentar una experiencia positiva.

Preguntas para Evaluar:
- ¿La iluminación es relajante y cómoda para los clientes?
- ¿Hay elementos decorativos iluminados que añadan calidez al espacio?
- ¿La luz se integra bien con la decoración general?

Ejemplo Práctico: En una clínica dental, utilizamos lámparas de pie con luz cálida y añadimos iluminación indirecta en las paredes. Esto redujo la ansiedad de los pacientes y mejoró la percepción del servicio.

Acciones:
- Instala lámparas de pie o de mesa con luz cálida en las áreas de espera.
- Usa iluminación decorativa, como lámparas de diseño o cuadros iluminados, para añadir personalidad.
- Combina luz natural y artificial para equilibrar el ambiente.

6. Sostenibilidad y Eficiencia Energética: Ilumina con Conciencia

La eficiencia energética no solo reduce costos, también refleja un compromiso con el medio ambiente.

Preguntas para Evaluar:
- ¿La iluminación utiliza tecnología LED?
- ¿Hay sensores de movimiento en áreas de baja circulación?
- ¿Se han sustituido lámparas incandescentes o halógenas?

Ejemplo **Práctico:**

En un gimnasio, instalamos sensores de movimiento en vestuarios y zonas de paso. Esto redujo el consumo energético en un 30% sin afectar la experiencia de los clientes.

Acciones:
- Cambia las lámparas obsoletas por tecnología LED.
- Instala sensores de movimiento o temporizadores para ahorrar energía.
- Revisa periódicamente el consumo energético y ajusta según sea necesario.

CHECKLIST

Zona	Pregunta Clave	Evaluación (✓/✗)	Notas y Acciones
Entrada	¿La luz es atractiva y adecuada para captar la atención?		
Productos	¿Están los productos bien iluminados y resaltados?		
Caja/Atención al Cliente	¿La zona es funcional y acogedora para el cliente?		
Pasillos	¿Son uniformes y conducen al cliente a zonas clave?		
Descanso	¿La iluminación es relajante y coherente con el diseño general?		
Luz Natural	¿Se aprovecha y combina adecuadamente con la luz artificial?		

Eficiencia Energética	¿Las luminarias son energéticamente eficientes (LED, sensores, etc.)?		
Ambiente General	¿La iluminación refuerza la identidad de la marca y crea una experiencia única?		

Capítulo 16: Tendencias Futuras en Iluminación Comercial

La iluminación comercial está en constante evolución, impulsada por avances tecnológicos, cambios en las necesidades de los consumidores y una creciente preocupación por la sostenibilidad. Conocer estas tendencias no solo permite mantenerse actualizado, sino también anticiparse a las expectativas de los clientes, mejorando su experiencia y aumentando las ventas.

1. Iluminación Inteligente: Personalización y Control

La tecnología de iluminación inteligente permite ajustar automáticamente la intensidad, el color y la distribución de la luz en función de las necesidades del espacio y del momento del día. Estas soluciones pueden integrarse con sistemas de domótica y aplicaciones móviles, ofreciendo control total desde cualquier lugar.

Aplicaciones en Negocios:
- Cambiar los esquemas de luz según la hora del día para optimizar el ambiente (luz cálida por la mañana y luz fría por la tarde).
- Utilizar sensores de movimiento para encender y apagar luces en áreas de baja circulación.
- Personalizar la iluminación para eventos o promociones especiales.

Ejemplo Real: Una tienda de moda en Tokio utiliza luces LED inteligentes que cambian a tonos cálidos durante las tardes para hacer que los productos frescos luzcan más apetitosos, aumentando las ventas de alimentos preparados.

2. Tecnología LED de Nueva Generación: Más que Eficiencia Energética

La tecnología LED sigue liderando el mercado gracias a su eficiencia, pero las nuevas generaciones de LED ofrecen beneficios adicionales:
- **Rendimiento ajustable:** LEDs que pueden cambiar de temperatura de color para adaptarse al ambiente.
- **Luz de espectro completo:** Simulan la luz natural, ideal para destacar colores y texturas reales.

- **Vida útil extendida:** Menor necesidad de mantenimiento y reposición.

Beneficio para Comercios: Reduce costos operativos mientras se mejora la experiencia del cliente, especialmente en tiendas donde los productos dependen de una representación precisa del color, como ropa, joyería o alimentos.

Ejemplo Real: Una tienda de muebles en Escandinavia instaló LEDs de espectro completo que simulan diferentes horas del día, permitiendo a los clientes visualizar cómo se verán los muebles en diferentes condiciones de luz.

3. Sostenibilidad en el Diseño de Iluminación

La preocupación por el medio ambiente está impulsando el desarrollo de sistemas de iluminación sostenibles:
- **Lámparas reciclables:** Diseñadas con materiales reutilizables.
- **Energía renovable:** Sistemas que funcionan con paneles solares.
- **Certificaciones de eficiencia:** Como LEED o Energy Star, que garantizan un menor impacto ambiental.

Pro Tip: Considera usar iluminación sostenible como un punto de venta adicional. Los clientes valoran cada vez más las marcas comprometidas con el medio ambiente.

Ejemplo Real: Un hotel boutique en Bali utiliza exclusivamente lámparas solares y materiales reciclados en su iluminación, lo que se ha convertido en un punto de venta clave para turistas ecológicos.

4. Iluminación que Mejora el Bienestar (Human-Centric Lighting)

La iluminación centrada en el ser humano (HCL, por sus siglas en inglés) adapta la luz para mejorar la salud y el bienestar de las personas. Este enfoque se basa en cómo la luz afecta el ritmo circadiano y la productividad.

Aplicaciones:
- **En oficinas y espacios de trabajo:** Ajustar la luz fría durante el día para aumentar la concentración y cambiar a luz cálida por la tarde para relajarse.
- **En comercios:** Usar luz cálida para crear un ambiente acogedor que fomente la compra impulsiva.

Ejemplo Real: Un spa en Nueva York instaló luces que cambian de intensidad y color según el tratamiento que reciben los clientes, creando un ambiente completamente inmersivo.

5. Iluminación Dinámica: Creando Experiencias Interactivas

La iluminación dinámica utiliza tecnología como proyectores, luces RGB y sistemas programables para crear efectos visuales que capturan la atención del cliente.

Beneficios Comerciales:
- **Experiencias personalizadas:** Cambiar la luz para eventos especiales, como lanzamientos o temporadas festivas.
- **Elementos interactivos:** Usar sensores para activar luces al pasar, creando una experiencia memorable.

Ejemplo Real: Un centro comercial en Dubái instaló una fachada de luces dinámicas que cambia con las estaciones del año, atrayendo visitantes y generando contenido viral en redes sociales.

6. Integración de la Iluminación con Realidad Aumentada (RA)

La RA, combinada con iluminación avanzada, está redefiniendo la forma en que los clientes interactúan con los productos. La iluminación bien diseñada mejora las experiencias inmersivas de RA al destacar elementos clave.
Ejemplo Práctico: En una tienda de zapatos, los clientes pueden proyectar diferentes escenarios (como una pista de carreras o una pasarela) mientras prueban productos, con luces que cambian para complementar la experiencia.

7. Microiluminación para Productos Pequeños

La tendencia hacia el detalle ha llevado a la creación de sistemas de microiluminación, diseñados para destacar productos pequeños como joyas, relojes o artículos tecnológicos.
Cómo Implementarla:
- Usar luces LED miniatura con lentes direccionales para evitar sombras.
- Ajustar la temperatura de color para resaltar los materiales, como el brillo del oro o la textura de la madera.

Ejemplo Real: Una joyería de lujo en París utiliza micro LEDs para iluminar diamantes, haciendo que brillen aún más bajo las luces del escaparate.

8. Iluminación de Marca: Identidad a través de la Luz

Cada vez más empresas están utilizando la iluminación como parte de su identidad visual. Colores, patrones y configuraciones específicas se convierten en un sello distintivo.
Ejemplo: Una cafetería usa tonos cálidos combinados con luces en forma de hojas que refuerzan su enfoque en productos orgánicos.

Ilumina el Futuro de Tu Negocio

Las tendencias en iluminación comercial no solo transforman el espacio, sino también la relación entre tu marca y tus clientes. Adoptar estas innovaciones te posiciona como un negocio moderno, comprometido y preparado para el futuro.

9. Iluminación para Experiencias Multisensoriales

La integración de luz con otras estrategias sensoriales está en auge. La iluminación, combinada con sonido, aroma y texturas, crea experiencias inmersivas que fortalecen la conexión emocional con los clientes.

Cómo Funciona:
- **Luz y sonido:** Sincroniza cambios de luz con música ambiental para crear momentos únicos en eventos o promociones.
- **Luz y aroma:** Ilumina vitrinas mientras difundes aromas relacionados con el producto para reforzar la percepción sensorial.
- **Luz y texturas:** Usa iluminación direccional para resaltar texturas en paredes o productos clave.

Ejemplo **Inspirador:**
Un restaurante de alta cocina en Barcelona sincroniza la intensidad de la luz y la música con la llegada de cada plato, haciendo que la experiencia sea memorable y exclusiva.

10. Tendencia hacia la Iluminación Modular

Los sistemas modulares permiten adaptar la iluminación a las necesidades cambiantes de un espacio comercial. Las luminarias modulares son versátiles y fáciles de reconfigurar, ideales para negocios dinámicos.

Aplicaciones Prácticas:

- **Espacios de coworking:** Ajusta la iluminación según el uso del espacio, desde reuniones hasta presentaciones.
- **Tiendas pop-up:** Cambia la configuración de luz rápidamente para adaptarte a nuevos productos o marcas.

Ejemplo   **Inspirador:**
Una galería de arte en Londres utiliza un sistema modular de rieles para reconfigurar la luz en función de las exposiciones, lo que aumenta la flexibilidad y reduce costos.

11. Iluminación para Redes Sociales: Espacios Instagrameables

En la era digital, los negocios están invirtiendo en iluminación diseñada específicamente para atraer a los creadores de contenido. Las zonas "instagrameables" son puntos clave para generar publicidad orgánica.

Características:
- **Luz difusa y cálida:** Ideal para selfies y fotos grupales.
- **Fondos iluminados:** Incorporar luces de colores o patrones en paredes y pisos para fotos atractivas.
- **Neones personalizados:** Mensajes iluminados que refuercen la identidad de marca.

Ejemplo   **Inspirador:**
Una cafetería en Seúl diseñó un rincón con lámparas colgantes de la línea **SHIZEN** y una pared iluminada con neón que se volvió viral en Instagram, aumentando el tráfico al local en un 40%.

12. Realidad Virtual (RV) e Iluminación Virtual

La realidad virtual está revolucionando la experiencia del cliente, permitiendo a los consumidores explorar productos y espacios antes de comprarlos. La iluminación juega un papel crucial en estas simulaciones para que sean realistas e inmersivas.

Aplicaciones Comerciales:
- **Inmobiliarias:** Usa RV para mostrar propiedades con diferentes configuraciones de luz según el momento del día.
- **Tiendas de muebles:** Permite a los clientes visualizar cómo se verá un sofá bajo diferentes esquemas de iluminación.

Ejemplo   **Inspirador:**
Una tienda de diseño en Milán utiliza la RV para que los clientes experimenten cómo los muebles se integrarán en sus espacios personales, ajustando la luz según sus preferencias.

13. Iluminación Centrada en la Inclusión

Diseñar iluminación que sea inclusiva y accesible para todos es una tendencia creciente. Esto incluye considerar a personas con discapacidades visuales, auditivas o de movilidad.

Estrategias:
- **Contrastes claros:** Asegúrate de que las áreas importantes estén bien definidas mediante el contraste entre luz y sombra.
- **Sensores táctiles:** Combina iluminación con sensores que faciliten el acceso a personas con movilidad reducida.
- **Colores para la orientación:** Usa colores de luz específicos para guiar a los usuarios en espacios amplios como aeropuertos o centros comerciales.

Ejemplo **Inspirador:**
Un centro cultural en Berlín implementó un sistema de iluminación con colores que guían a los visitantes a diferentes zonas, mejorando la experiencia de quienes tienen dificultades de orientación.

14. Gamificación de Espacios Comerciales con Luz

La gamificación transforma la experiencia de compra en un juego. La iluminación puede ser clave para guiar al cliente en un recorrido interactivo dentro del local.

Cómo Implementarlo:
- Usa luces que cambien de color para indicar promociones o productos destacados.
- Combina sensores de movimiento con luces para crear experiencias interactivas.
- Diseña zonas con retos visuales, como encontrar elementos iluminados de manera especial para obtener descuentos.

Ejemplo **Inspirador:**
Un centro comercial en Singapur creó una experiencia de búsqueda del tesoro iluminada, donde los clientes seguían pistas con luces LED para ganar premios, aumentando las ventas y la interacción en un 50%.

15. Iluminación de Temporalidades: Cambios Estacionales

La iluminación estacional no solo celebra festividades, también ayuda a crear ambientes temáticos que conectan con los clientes en momentos clave del año.

Estrategias:
- **Navidad:** Iluminación cálida con guirnaldas y luces de colores suaves.

- **Verano:** Luz natural combinada con tonos frescos y brillantes.
- **Halloween:** Luces de colores como naranja o morado, combinadas con sombras para un efecto dramático.

Ejemplo Inspirador:

Un parque temático en Orlando implementó iluminación inmersiva para cada temporada, incrementando la asistencia durante festividades específicas en un 30%.

Innovar con Luz para el Futuro

Las tendencias en iluminación comercial no solo mejoran la experiencia del cliente, sino que también ofrecen oportunidades para diferenciarte y fortalecer la identidad de tu marca. Adoptar estas innovaciones te posiciona como un negocio preparado para un mercado en constante evolución.

Comparte tu Experiencia:

¿Te inspiraron estas ideas? Escríbeme en @soysamanthaluz y cuéntame cómo planeas implementar estas tendencias en tu negocio.

¿Dudas?, escríbeme en @soysamanthaluz. Estoy aquí para iluminar tu camino.

Capítulo 16: Preguntas Frecuentes sobre Iluminación Comercial – Resolviendo las Dudas Más Comunes

La iluminación comercial es fundamental para crear una atmósfera adecuada, atraer a los clientes y mejorar las ventas. Sin embargo, muchas veces surgen dudas sobre cómo elegir la mejor iluminación, cómo mantenerla y cómo adaptarla a las necesidades de tu negocio. En este capítulo, resolvemos las preguntas más comunes que suelen surgir cuando se trata de iluminar espacios comerciales.

1. ¿Cuál es la diferencia entre luz cálida, neutra y fría?

Luz cálida:

Tiene un tono amarillo, ideal para crear ambientes acogedores y relajantes. Perfecta para restaurantes, tiendas de ropa o salas de estar.

Luz neutra:

Es una luz más equilibrada y cercana a la luz natural, con un tono blanco suave. Se usa comúnmente en oficinas, tiendas de tecnología y clínicas.

Luz fría:

Es una luz más blanca, que simula la luz natural del día. Aporta claridad y energía, y es ideal para espacios donde se requiere concentración, como oficinas y gimnasios.

¿Cómo elegir la temperatura de color adecuada?

- Si tu negocio busca generar una sensación de calma y confort, como una tienda de ropa o un restaurante, opta por **luz cálida**.

- Para ambientes más energéticos y enfocados, como oficinas o tiendas tecnológicas, la **luz fría** es la opción ideal.

2. ¿Qué tipo de lámparas son más eficientes energéticamente?

Las lámparas **LED** son las más eficientes en términos de energía. Son duraderas, consumen menos electricidad y generan menos calor en comparación con las lámparas incandescentes o halógenas.

Consejos para maximizar la eficiencia energética:

- Opta por **lámparas LED** siempre que sea posible.

- Usa **sensores de movimiento** para encender las luces solo cuando sea necesario en áreas de baja circulación.

- Instala **dimmer** (reguladores de intensidad) para ajustar la luz según el momento del día.

3. ¿Cómo puedo iluminar adecuadamente un escaparate o vitrina?

La iluminación de un escaparate o vitrina debe destacar los productos sin generar reflejos molestos ni sombras.

Consejos para escaparates:

- Utiliza **focos LED dirigidos** hacia los productos clave para crear una iluminación focalizada.

- Combina con **luces de acento** para resaltar detalles de los productos.

- Evita luces demasiado brillantes o demasiado cálidas, ya que pueden distorsionar el color de los productos.

- Considera usar **lámparas de tonos neutros** para resaltar los colores reales de los artículos.

4. ¿Qué altura debería tener la iluminación en mi tienda?

La altura de la iluminación dependerá del tipo de negocio y el efecto que desees lograr. Sin embargo, hay algunas recomendaciones generales:

- Para **áreas generales** de circulación, la luz debe estar a una altura de aproximadamente 2.5 a 3 metros del suelo para proporcionar una cobertura uniforme.

- En **zonas de exposición**, como vitrinas o estanterías, las luces deben estar a menor altura para iluminar los productos sin generar deslumbramientos.

Consejo: Si la tienda tiene techos altos, usa **luces dirigidas** o **luminarias colgantes** para enfocar la luz en áreas específicas.

5. ¿Cómo mantener las lámparas en buen estado y evitar problemas comunes?

La **mantenimiento regular** es clave para asegurarte de que tus lámparas sigan funcionando de manera eficiente. Aquí algunos consejos:

- **Limpieza regular:** La suciedad y el polvo pueden reducir la eficiencia de las luces. Asegúrate de limpiar las lámparas y bombillas al menos una vez al mes.
- **Reemplazo de bombillas:** Si una bombilla de una lámpara LED comienza a parpadear o se apaga, reemplázala de inmediato para evitar un consumo innecesario de energía.
- **Revisión del sistema eléctrico:** Si las luces comienzan a apagarse o se funden con frecuencia, podría haber un problema con el cableado o el sistema eléctrico. En este caso, contacta a un electricista especializado.

6. ¿Qué tipo de iluminación es mejor para una tienda de ropa?

La iluminación en una tienda de ropa debe ser capaz de resaltar la mercancía sin distorsionar los colores ni crear sombras que puedan dificultar la visualización.

Recomendaciones para tiendas de ropa:

- Utiliza **luz cálida o neutra** para crear un ambiente cómodo y acogedor.

- Instala **focos dirigidos** sobre las prendas de vestir para destacarlas y hacer que los colores resalten.

- En los **probadores**, opta por **luz cálida y suave** para crear un ambiente relajante para los clientes.

7. ¿Es recomendable usar iluminación RGB o luces de colores en mi negocio?

Las **luces RGB** (luces de colores) pueden ser una excelente opción para crear ambientes especiales y resaltar la estética de tu marca. Sin embargo, se debe usar con moderación.

¿Cuándo usarlas?

- **Eventos especiales:** Como promociones o festividades, para crear un ambiente único y atractivo.

- **Tiendas de productos innovadores:** Como tecnología, donde los colores pueden ayudar a comunicar un enfoque moderno y futurista.

- **Zonas de descanso o bares:** Usar luces de colores suaves para dar un toque relajante.

Consejo: Evita usar luces de colores en áreas clave como el área de ventas si los productos deben mostrarse en su color natural, ya que los colores pueden alterar la percepción de los productos.

8. ¿Cómo iluminar un espacio grande, como un centro comercial o almacén?

La iluminación en espacios grandes debe ser estratégica para evitar sombras profundas y asegurar una distribución uniforme de la luz.

Soluciones para grandes espacios:

- **Iluminación general:** Usa lámparas **empotradas** o **luces de techo** que proporcionen una cobertura amplia.

- **Iluminación de acento:** Resalta ciertas áreas con **focos dirigidos** o **columnas de luz** para crear puntos de interés.

- **Iluminación de pasillos y áreas de tránsito:** Utiliza **luces LED en rieles** o **tiras de luces** para guiar el flujo de clientes sin sobrecargar el espacio.

9. ¿Es necesario contratar a un profesional para el diseño de la iluminación?

Dependerá de la complejidad de tu espacio y tus necesidades específicas. Si tienes un local pequeño o si tu negocio tiene un presupuesto limitado, puedes realizar algunos ajustes por ti mismo, como la instalación de focos o luces LED.

Cuándo contratar a un profesional:

- Si necesitas crear un esquema de iluminación más complejo y estratégico.

- Si tu local tiene áreas difíciles de iluminar, como techos altos o espacios con poca luz natural.

- Si buscas personalizar la iluminación para crear una atmósfera única y alineada con tu marca.

La Iluminación como Clave para el Éxito La iluminación adecuada no solo mejora la visibilidad de tu espacio comercial, sino que también influye en la percepción de tus productos y en la experiencia general del cliente. Con estos consejos y respuestas a las preguntas más comunes, estás listo para iluminar tu negocio de manera eficaz y creativa.

Capítulo 17: Normativas y Estándares de Referencia en Iluminación Comercial

El diseño de iluminación comercial no solo se basa en creatividad y funcionalidad, sino también en cumplir con normativas y estándares que garantizan eficiencia energética, seguridad y bienestar. En este capítulo, exploramos las principales normativas internacionales que sirvieron como referencia para este libro, organizadas en una tabla clara y concisa.

A continuación, se presenta una tabla que recopila las principales normativas y certificaciones relacionadas con la iluminación comercial, indicando su país de origen y una breve descripción de cada una:

Normativa/Certificación	País de Origen	Descripción
Código Técnico de la Edificación (CTE) – Documento Básico HE 3: Ahorro de Energía	España	Establece los requisitos mínimos de eficiencia energética en las instalaciones de iluminación de edificios.
Reglamento Electrotécnico para Baja Tensión (REBT)	España	Regula las condiciones técnicas y garantías que deben cumplir las instalaciones eléctricas de baja tensión.
Norma UNE-EN 12464-1: Iluminación de los lugares de trabajo en interiores	España	Especifica los requisitos de iluminación para lugares de trabajo en interiores, enfocándose en el confort y rendimiento visual.

Reglamento Europeo 2019/2020 de Ecodiseño	Unión Europea	Establece requisitos de diseño ecológico para productos de iluminación, promoviendo la eficiencia energética.
Reglamento Europeo 2019/2015 de Etiquetado Energético	Unión Europea	Introduce un nuevo etiquetado energético para fuentes de luz, facilitando la comparación por parte de los consumidores.
Directiva RoHS (Restricción de Sustancias Peligrosas)	Unión Europea	Limita el uso de ciertas sustancias peligrosas en equipos eléctricos y electrónicos, incluyendo productos de iluminación.
Norma UL 8750	Estados Unidos	Establece los requisitos de seguridad para equipos de iluminación LED.
Norma ANSI C78.377	Estados Unidos	Define las especificaciones de cromaticidad para lámparas LED de iluminación general.

Norma	Ámbito	Descripción
Norma IEC 62560	Internacional	Especifica los requisitos de seguridad para lámparas LED integradas de uso doméstico y similar.
Norma IEC 62031	Internacional	Establece los requisitos de seguridad para módulos LED utilizados en iluminación general.
Norma IEC 60598-1	Internacional	Define los requisitos generales de seguridad para luminarias.
Norma IEC 62612	Internacional	Especifica los requisitos de rendimiento para lámparas LED de uso doméstico y similar.
Norma IEC 62717	Internacional	Establece los requisitos de rendimiento para módulos LED utilizados en iluminación general.
Norma IEC 62722-2-1	Internacional	Define los requisitos de rendimiento para luminarias LED.

Esta recopilación proporciona una visión general de las normativas y certificaciones clave en el ámbito de la iluminación comercial, esenciales para garantizar la seguridad, eficiencia y calidad en las instalaciones lumínicas.

Cómo Usar Estas Normas en Tu Proyecto

1. **Identifica las Regulaciones Locales:** Verifica cuáles de estas normativas aplican en tu país y en tu sector específico.

2. **Consulta con Profesionales Certificados:** Los ingenieros eléctricos y diseñadores de iluminación con experiencia en normativas internacionales pueden ayudarte a cumplir con los estándares requeridos.

3. **Realiza Auditorías Periódicas:** Evalúa tus instalaciones regularmente para asegurarte de que cumplen con las normativas vigentes.

Capítulo 18: Cómo Implementar Normativas en Proyectos de Iluminación Comercial

Cumplir con las normativas y estándares de iluminación no tiene que ser complicado. Este capítulo te guía a través de un proceso paso a paso para incorporar las normativas relevantes en tus proyectos, desde el diseño inicial hasta la evaluación final.

Paso 1: Comprender el Alcance del Proyecto

Antes de comenzar, es esencial definir claramente el tipo de proyecto y las necesidades específicas:

- ¿Es una tienda minorista, un restaurante, una oficina o un espacio público?
- ¿Se trata de una renovación o un diseño completamente nuevo?
- ¿Cuál es el tamaño del espacio y su propósito principal?

Ejemplo **Práctico:**
Un local pequeño que busca maximizar la eficiencia energética puede priorizar el uso de luces LED y cumplir con estándares como el Reglamento Europeo 2019/2020.

Paso 2: Identificar las Normativas Aplicables

Investiga las regulaciones nacionales e internacionales que son relevantes para tu proyecto.

- **Edificios comerciales:** Considera normativas como el CTE en España o ASHRAE Standard 90.1 en Estados Unidos.
- **Iluminación sostenible:** Cumple con estándares de diseño ecológico como LEED o el Reglamento Europeo de Ecodiseño.
- **Espacios públicos:** Consulta regulaciones como el RETILAP en Colombia o la NOM-013-ENER-2013 en México.

Consejo: Haz una lista prioritaria de las normativas esenciales según el país y el tipo de proyecto.

Paso 3: Diseñar un Esquema de Iluminación Basado en Normas

El diseño debe reflejar los requisitos técnicos y visuales estipulados por las normativas:

- **Distribución de luz:** Asegúrate de que todas las áreas estén iluminadas de acuerdo con los niveles mínimos requeridos.

- **Temperatura de color:** Selecciona la temperatura adecuada (cálida, neutra o fría) según la función del espacio.

- **Control de deslumbramiento:** Usa luminarias con difusores o pantallas para evitar molestias visuales.

Ejemplo Práctico:
En un coworking, el uso de luz neutra en áreas de trabajo y luz cálida en zonas de descanso asegura el bienestar de los usuarios y cumple con estándares como la ISO 8995-1.

Paso 4: Seleccionar Luminarias y Materiales Certificados

Asegúrate de que las lámparas y luminarias cumplan con las especificaciones técnicas requeridas:

- **Certificaciones de calidad:** Busca productos con sellos como Energy Star, LEED o etiquetas nacionales de eficiencia.

- **Sostenibilidad:** Elige materiales reciclables y fuentes de energía renovable cuando sea posible.

- **Eficiencia energética:** Prioriza el uso de LEDs y tecnologías de regulación de intensidad.

Consejo: Colabora con proveedores que garanticen productos certificados y con documentación técnica clara.

Paso 5: Instalación y Configuración

Durante la instalación, sigue estas buenas prácticas para garantizar el cumplimiento normativo:

- **Altura e inclinación:** Coloca las luminarias a la altura y ángulo adecuados para optimizar la distribución de luz.

- **Sistema eléctrico seguro:** Cumple con las regulaciones de cableado y conectividad eléctrica establecidas por normativas como el REBT en España.

- **Automatización:** Instala sensores de movimiento y reguladores de intensidad para mejorar la eficiencia energética.

Ejemplo Práctico: En una tienda de ropa, los rieles de focos dirigidos a las prendas deben instalarse a una altura de 2-2.5 metros para resaltar texturas y colores sin deslumbrar.

Paso 6: Evaluación y Auditoría

Una vez instalado el sistema de iluminación, realiza auditorías periódicas para asegurarte de que se mantiene el cumplimiento:

- **Medición de niveles de luz:** Usa un luxómetro para verificar que los niveles de iluminación cumplen con los estándares (por ejemplo, 500 lux en oficinas según la Norma UNE-EN 12464-1).

- **Revisión energética:** Evalúa el consumo energético y ajusta la configuración si es necesario.

- **Mantenimiento preventivo:** Limpia y revisa las luminarias regularmente para garantizar su funcionamiento óptimo.

Consejo: Documenta todas las auditorías y actualizaciones para futuras referencias y posibles inspecciones.

Paso 7: Capacitación y Comunicación

Asegúrate de que el personal encargado del mantenimiento y operación de la iluminación esté capacitado:

- **Manuales de usuario:** Proporciona guías detalladas sobre cómo ajustar, limpiar y mantener las luminarias.
- **Capacitación técnica:** Forma a tu equipo en el uso de herramientas como reguladores, sensores y aplicaciones de control.

Ejemplo Práctico: En un restaurante, capacitar al personal para ajustar la intensidad de la luz durante cenas especiales puede mejorar significativamente la experiencia del cliente.

Haciendo de la Luz un Aliado Estratégico

Cumplir con las normativas no solo garantiza la seguridad y eficiencia de tus proyectos, sino que también te posiciona como un negocio comprometido con la calidad, el diseño y la sostenibilidad. Recuerda que la iluminación no es solo un aspecto técnico; es una herramienta estratégica que puede transformar tu espacio y aumentar el valor percibido por tus clientes.

Capítulo 19: La Luz Como Clave del Éxito Comercial

La iluminación no es solo un recurso técnico, es una herramienta poderosa que puede transformar espacios, evocar emociones y conectar profundamente con las personas. Este libro ha sido un viaje para descubrir cómo la luz adecuada puede marcar la diferencia en tu negocio y convertirlo en un espacio único, memorable y exitoso.

La Luz Transforma Espacios y Personas

"La luz no solo ilumina, también inspira. Es la protagonista silenciosa que guía emociones y destaca momentos."
— *Samantha Luz*

Recuerdo mi primera experiencia significativa con un pequeño local en Caracas. El dueño, frustrado por las bajas ventas, confió en mi visión. Diseñamos y fabricamos lámparas personalizadas que reflejaban el estilo natural del espacio. En poco tiempo, el local se transformó: las ventas aumentaron, los clientes se sentían más cómodos, y el lugar se convirtió en un punto de referencia en la ciudad. Desde ese día, supe que la luz tenía un poder especial.

Lecciones Clave de Este Libro

1. **Conoce a Tu Cliente y Tu Espacio:** La iluminación debe resonar con la personalidad de tu marca y las emociones que deseas transmitir.
    - ¿Tu cliente busca un espacio relajante? Usa luz cálida y suave.
    - ¿Quieres destacar productos? La iluminación focal será tu aliada.

2. **Cumple con Normativas:**

3. La seguridad, la eficiencia energética y la sostenibilidad no son opcionales, son indispensables. Diseñar bajo normativas te posiciona como un negocio confiable y profesional.

¿Dudas? , escríbeme en @soysamanthaluz. Estoy aquí para iluminar tu camino.

4. **Apuesta por la Innovación:**
5. La iluminación inteligente, los sistemas dinámicos y los diseños personalizados no solo mejoran la funcionalidad, sino que también crean experiencias inolvidables.
6. **Adáptate al Futuro:**
7. La luz no es estática. Permite que tu diseño evolucione con las estaciones, las tendencias y las necesidades cambiantes de tu negocio.

Un Ejercicio Final: Ilumina Tu Espacio

Tómate unos minutos para recorrer tu negocio con nuevos ojos. Observa la luz y reflexiona:

- ¿Qué áreas destacan más?
- ¿Dónde se generan sombras innecesarias?
- ¿Cómo se sienten tus clientes en cada rincón?

Haz pequeñas pruebas: cambia una lámpara, ajusta un foco o prueba diferentes temperaturas de luz. A menudo, los cambios más simples tienen el mayor impacto.

Inspiración para el Futuro

"La luz es como una huella digital: única, personal e irrepetible. Cada espacio tiene su propia forma de brillar."
— Samantha Luz

Que este libro sea tu guía para descubrir esa luz única en tu negocio. La iluminación no solo transforma espacios; transforma perspectivas, experiencias y resultados.

Una Invitación

Este libro es solo el comienzo de nuestra conexión. Me encantaría saber cómo aplicaste lo aprendido y cómo la iluminación cambió tu negocio. ¿Tienes preguntas, ideas o historias que compartir? Estoy aquí para ayudarte.

- **Escríbeme:** @soysamanthaluz

- **Comparte tus resultados:** Envíame fotos de tu espacio iluminado y tus experiencias aplicando las estrategias de este libro.

- **Únete a la comunidad:** Comparte tus ideas y aprende de otros emprendedores que también están iluminando sus negocios.

> "La luz adecuada no solo vende un producto; cuenta una historia, conecta emociones y crea recuerdos imborrables."
> — Samantha Luz

Gracias por permitirme ser parte de tu viaje. Recuerda siempre que la luz tiene el poder de cambiarlo todo. ¡Sigue iluminando y soñando en grande!

> Luces, Ventas y Acción: Cómo la Iluminación Transforma tu Local en una Máquina de Vender

Carta a los Profesionales de la Iluminación

Queridos colegas, expertos y apasionados de la iluminación:

Es un honor compartir este espacio con ustedes, donde la luz no solo se ve, sino que se siente, se vive y transforma. Este libro no es un intento de competir ni de imponer ideas; es una contribución práctica, diseñada para aquellos que buscan iluminar sus espacios comerciales con propósito y eficacia.

Sé que muchos de ustedes son verdaderos apasionados de la luz. Tal vez algunos, como yo, hayan pasado noches enteras ajustando ángulos, probando temperaturas de color y explorando nuevas tecnologías para crear atmósferas que inspiran y marcan la diferencia. Admirar la luz no solo como una herramienta técnica, sino como una forma de arte, es un privilegio que compartimos.

Sin embargo, también sé que en este mundo tan especializado, a veces tendemos a proteger nuestro conocimiento como si fuera un tesoro exclusivo. Este libro no pretende invadir ese espacio de especialización ni reducir la importancia de un trabajo profesional. Al contrario, está aquí para democratizar el acceso a la iluminación como herramienta transformadora, ofreciendo soluciones simples y efectivas para quienes desean tomar el control de sus propios espacios.

No estoy aquí para competir. Estoy aquí para colaborar. Mi misión no es brillar más que nadie, sino iluminar el camino de aquellos que buscan mejorar sus negocios, sus espacios y sus experiencias. Creo profundamente que la luz es universal y que todos merecen tener acceso a los recursos necesarios para entenderla y aplicarla.

A ti, que eres un verdadero amante de la iluminación, te agradezco tu dedicación al detalle, tu amor por la perfección y tu pasión por este arte. Tus conocimientos y tu experiencia son esenciales para elevar los estándares de la industria. Pero también te invito a ver este libro como una herramienta complementaria, como un puente para conectar con un público más amplio que quizás, algún día, recurra a ti para proyectos más avanzados.

Este libro es un llamado a la acción para que juntos sigamos dejando huellas. Una para los negocios que iluminamos, otra para los clientes que guiamos, y muchas más para un mundo donde la luz no sea solo funcional, sino memorable.

Con admiración y respeto por todo lo que haces,
Samantha Luz

Autora, creadora y apasionada de la iluminación práctica

Capítulo Extra: Mis Líneas de Diseño – La Luz Como Expresión de Inspiración

Al final de este libro, quiero compartir una parte muy personal de mi recorrido en el mundo de la iluminación: las tres líneas de diseño que creé y que representan mi visión sobre cómo la luz puede transformar espacios. Cada una de ellas lleva un nombre que refleja no solo su esencia, sino también las experiencias y aprendizajes que inspiraron su creación.

SHIZEN: La Belleza de la Naturaleza

- **Significado:** "Shizen" significa naturaleza en japonés.

- **Inspiración:** Mi amor por la naturaleza y mi conexión con el idioma japonés, que estudié durante mi adolescencia, fueron las bases de esta línea. Quise capturar la armonía y la simplicidad que la naturaleza nos enseña.

- **Características:**

    o Materiales orgánicos como madera, bambú y fibras naturales.

    o Formas suaves y equilibradas, inspiradas en hojas, flores y elementos naturales.

    o Diseños que invitan a la calma y la conexión con el entorno.

- **Ejemplo Real:** Una cafetería en Caracas adoptó estas lámparas para crear un ambiente relajado, lo que no solo atrajo a más clientes, sino que también les ofreció un espacio donde sentirse en paz.

¿Dudas? , escríbeme en @soysamanthaluz. Estoy aquí para iluminar tu camino.

Luces, Ventas y Acción: Cómo la Iluminación Transforma tu Local en una Máquina de Vender

KENSETSU: La Fuerza de los Materiales de Construcción

- **Significado:** "Kensetsu" significa construcción en japonés.
- **Inspiración:** En muchos de mis proyectos, descubrí que los materiales industriales, como el cemento y el metal, podían ser transformados en piezas de diseño únicas y funcionales. Esta línea celebra la belleza oculta en lo que normalmente consideramos bruto o utilitario.
- **Características:**
    - Uso de cemento, acero y vidrio reciclado.

¿Dudas? , escríbeme en @soysamanthaluz. Estoy aquí para iluminar tu camino.

- o Diseños minimalistas e industriales, ideales para espacios modernos.
- o Combinación de luz fría y cálida para crear contrastes visuales.

- **Ejemplo Real:** En un coworking, las lámparas de esta línea aportaron un toque moderno e industrial, reflejando el dinamismo del espacio y atrayendo a profesionales creativos.

¿Dudas?, escríbeme en @soysamanthaluz. Estoy aquí para iluminar tu camino.

OMUKASHII: La Nostalgia del Pasado

- **Significado:** "Omukashii" significa vintage o nostálgico en japonés.

- **Inspiración:** Siempre me ha fascinado la estética del pasado y cómo los objetos vintage cuentan historias. Esta línea nació del deseo de rescatar ese encanto y adaptarlo a los espacios contemporáneos.

- **Características:**
    - Lámparas hechas con piezas antiguas restauradas, como vidrio soplado o metales envejecidos.
    - Diseños que combinan elementos retro con tecnología moderna, como bombillas LED estilo Edison.
    - Perfectas para locales que buscan un ambiente acogedor y lleno de carácter.

- **Ejemplo Real:** Una tienda boutique en Caracas eligió esta línea para destacar su marca como atemporal y elegante, convirtiendo sus vitrinas en verdaderas obras de arte.

Luces, Ventas y Acción: Cómo la Iluminación Transforma tu Local en una Máquina de Vender

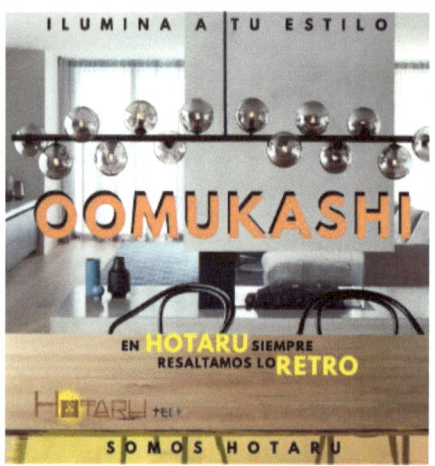

-

Por Qué Estas Líneas Son Especiales

Cada una de estas líneas representa una parte de mí: mi amor por la naturaleza, mi aprecio por la fuerza de los materiales y mi fascinación por la nostalgia del pasado. Estas lámparas no solo iluminan, sino que cuentan historias y añaden personalidad a los espacios.

Además, todas tienen algo en común: el diseño personalizado. Muchas de estas piezas fueron creadas en colaboración con mi familia, desde el carpintero hasta quien daba forma al vidrio. La esencia familiar y artesanal

¿Dudas? , escríbeme en @soysamanthaluz. Estoy aquí para iluminar tu camino.

está en cada una de ellas.

Luz con Propósito

Estas líneas no son solo diseños; son una forma de expresar cómo veo el mundo a través de la luz. Si te inspiran y deseas incluir algo de esta esencia en tu espacio, recuerda que siempre puedes crear tu propio diseño personalizado. La luz no tiene límites, y tú tampoco.

¿Quieres saber más sobre estas líneas o necesitas ayuda para diseñar algo único? Escríbeme en @soysamanthaluz. ¡Será un placer iluminar juntos tu proyecto!

www.ingramcontent.com/pod-product-compliance
Lightning Source LLC
Chambersburg PA
CBHW040316220526
45473CB00009B/2461